農業教育が世界を変える

—未来の農業を担う十勝の農村力—

門平睦代

創成社新書
52

まえがき

私はアフリカで仕事がしたくて獣医師になった。50数カ国あるアフリカ諸国のひとつであるザンビア国へ、青年海外協力隊員として派遣されたのは１９８１年４月である。これが、アフリカ入門の第一歩であった。その後も、縁あって、国連職員（ＦＡＯ）や国際協力機構（ＪＩＣＡ）の専門家としてアフリカ大陸で仕事をする機会が与えられ、合計で11年間、アフリカに住みながら獣医学分野の専門家として働いた。

名古屋大学の農学国際教育協力研究センターという部署で働くことになり帰国した。大学での任務は、農学分野における国際協力と農業教育に関する研究であった。日本に居を構えて、1年の半分は海外で調査研究をする。「いつかはやってみたい！」と夢にまで見ていた職務内容であった。名古屋大学に赴任した当時は、農業教育や普及に関する知識はまったくなかったが、疫学というフィールドでの研究を長年やっていたおかげで農業普及の現場は知っていた。ザンビア大学ですでに実践していた「農民参加型研究」や「農民学校」という普及方法を、名古屋大学では学際的に研究するという課題に取り組むことになった。また、南米のパラグアイ国やアフリカ南部のナミビア国で農業教育カリキュラムづくりに関わるなど、農業教育の現場を体験させていただく機会にも恵まれた。

本書は、アフリカ生活経験が豊富な私が、２００５年に帯広畜産大学に移ってから、十勝（十勝総合振興局が担当する行政区域）での農業・地域おこしに尽力された方や農業高校の関係者に出会ったことで生まれることになった。獣医師としてアフリカで家畜の病気を予防することを研究するうちに、家畜を飼育する人々の暮らしぶりに興味が湧き、普及や農村開発へとテーマがだんだんと大きくなっていった。十勝はまさに、私の永遠のテーマである「農業による地域おこし」を成し遂げた実例なのである。「本を書いて多くの人に十勝のことを知って欲しい」と私をその気にさせた一番の理由でもある。

獣医なのに、なぜ、農業教育について本を書くのかという疑問もおありであろう。名古屋大学での仕事がきっかけとなったが、獣医という職業にはこだわらず、動物を飼う人間に興味が湧いて、途上国での農村・地域開発を考え始め、リスクに臆することなく、楽観的に考え、やりたいことを継続してきたことで、農業普及や教育分野の研究もある程度の結果がでるまで遂行することができたと思う。十勝で、生産者も含めた、地域を支えている多様な専門分野の人々と出会うことができたことは本当に幸運であった。本書で重要な役割を担うＪＩＣＡ

研修事業の運営管理に関係しては、帯広畜産大学と北海道ＪＩＣＡ（帯広）に大変お世話になった。そして、コラムをひきうけてくださった方々にも感謝している。

十勝の経験と知恵は、国内だけではなく海外でも活用できると信じている。ＪＩＣＡ研修事業などを通じて、より多くの海外の方々に、士幌の村おこしの方法を知っていただき、「農村力」とは何なのか、どのように育成すればよいのか真剣に真似ていただき、それぞれの国に適した村づくりに活かして欲しいと思う。このように、日本の農業教育や農村開発の経験が途上国における村落開発に役立つということは、よく知られている。

しかし、本書では、その反対方向の流れ、つまり、途上国で学んだことも日本国内の農村開発に役立つということを、私自身の経験を含めた獣医畜産分野の事例を用いながら紹介している。帰国した元青年海外協力隊員など、途上国で学んだことを国内の地域おこしに活かしている方々も多い。彼らにエールを送るという意味においても、本書が多くの方々に読まれることを祈っている。

２０１４年７月

門平睦代

目次

第Ⅱ部　アフリカでの体験を日本で活かす

序　章　なぜ農業教育に注目したのか

ミレニアム宣言

私が国際協力に関わり始めた１９８０年代は、病院を建て、橋や道などのインフラを整備し、ダムなどの灌漑設備を建設することがハード面における主な援助活動であった。一方、人材育成などのソフト面では、開発プロジェクトを通して政府スタッフを育成し、教員を養成し教育レベルを向上させる事業も行われていた。このように、政府の構造改革による国全体の経済成長を促進することが80年代の援助活動の目的であった。そうすることで、途上国の貧困もいつかはなくなると考えていた。しかし、アフリカではほとんど成果がでなかった。そこで、１９９０年後半から貧困層に直接ターゲットをあてた援助戦略が提案された。世界の貧困を減らそうと、２０００年９月に国連ミレニアム・サミットで「ミレニアム宣言」がなされ、２０１５年ころまでの達成をめざし、(1)極度の貧困と飢餓の撲滅、(2)初等教育の完全普及、(3)ジェンダー平等推進、(4)幼児死亡率の削減、を含む８つの「ミレニアム開発目標」

が設定された。しかしながら、2015年を間近に控えた現在（2014年）でも、これらの目標はどれも達成されていない。それどころか、2007年から2008年にかけての食料価格の高騰、温暖化など地球規模での気象変化、経済不況などの影響で先進国でも貧困層が増加している。

食料安全保障

途上国の貧困層の多くは農村に住んでいる。また、途上国の経済基盤は農業なので、農業生産による収入を増加させることで貧困層が減少することは間違いない。同様に、先進国においても農業活動を守り、生産性を高め、安定した食料供給を維持していくということは重要な意味を持つ。昔から言われていたことではあるが、土地を使う農業は他の産業と違って国民の文化そのものであり、農村社会の基礎となる産業であるから、保護するのは「あたりまえ」という考え方である。次に、1970年代にはいり、異常気象やオイルショックにより食料品の値段は高騰し、わが国の自給率の低さが問題視された。食料の供給を海外からの輸入に全面的に依存していると、戦争や世界的異常気象などにより輸入が停止された時、国民は飢餓などの深刻な事態と向き合うことになる。この事態を避けるためには、必要最低限の食料は自らで作っていかねばならない。つまり、食料確保は、国民にとっては最も重要な課題であるし、食料安全保障という考え方が注目されるようになった理由でもある。

農業と生態系サービス

一方では、80年代の貿易自由化により、日本は農産物の世界最大の輸入国になった。すでに主食はコメから小麦粉を使うパンやパスタ類へ変わりつつある。また、減反政策やコメの消費量の減少などにより、水田は確実に減少している。よって、農業の、農作物生産以外の機能としての、環境を保全する役割、そして食の安全面での課題にも目が開かれることになる。米を作らないようになれば、田園風景も消え、カエルや昆虫もいなくなり、生物多様性についても大きな損失がでることは想像できる。自然が人に与えてくれる恩恵、つまり、生態系サービスがなくなることによる弊害は大きい。このように、農業の役割は食物を生産するだけではなく、環境と人の精神を守り育むという重要な役割を担っているのである。一方、冷凍餃子事件や粉ミルク中のメラミンなど輸入食品が農薬や化学物質に汚染されているなど食の安全の面でも、近年、多くの問題が起こっている。食料を輸入に依存することによる長期的な結果としての飢餓だけではなく、人や家畜の病気が発生するなど現在起こっている負の影響も忘れてはならない。

アメリカの農業発展

さて、ここで少し話題を変えて、日本へ多くの食料を輸出しているアメリカがどのように農業を発展させたのか、その理由を考えてみよう。アメリカの農業の生産性が高いのは、大学と地方政府の研究機関との共同研究による新しい技術の開発、生産者の師弟を育てる農業教育、そして、生産者へ新しい技術や経営のノウハウを伝える普及事業の3つが統合され、計画的に行われてきたからであると言われている。本書で登場する十勝の士幌町は、師弟の教育においてはアメリカの方法を真似ている部分もあるが、士幌町が独自に育てた「農民力」により、士幌農協が日本一となり町が豊かになったと私は考えている。

しかしながら、日本の農業関係者がどんなに頑張って規模拡大しコストダウンしても、アメリカやオーストラリアのような大規模経営と同じ低価格の農産物を作ることはできないだろう。安い農産物を輸出することが両国の世界市場を操るための戦略であり、高額の補助金を生産者に払って、国内より安い値段で販売するなど、儲けがない商売をしている。こうすることで、日本のような輸入依存国を多く作りだそうとしている。そして、この戦略が国際経済を動かす兵器の代わりになると考えている。日本政府は、まんまと、アメリカの言いなりになってしまったという感がある。

日本は質で勝負する

農業に適する土地が少ないということを考慮すると、日本は値段よりも質で勝負するしかない。なぜなら、私自身が「食品の質＝心と体の両方に栄養価の高い食品」と信じているし、品質を考慮すれば国産は高くないと説いている農業経済の専門家もいるからである。実際、日本の果物や牛肉などは、高額でも売れる市場がアジアにはある。安全で、かつ、甘い、大きい、美味しいなど質で勝負ができる生産物を輸出することで、国際競争力が育まれる。しかしながら、国内における消費量を増やすほうがずっと大きな問題であるかもしれない。質はよいが輸入品に比べると高額の国産の農産物を、どれだけ多くの国民が購入してくれるかということである。

２００５年の食育基本法の制定により、子供たちへの健全な食生活教育だけではなく、成人も対象とした食の安全や食文化を理解する〝力〟を育む重要さが国レベルでは認識された。しかしながら、このような押し付けられた指針ではなく、親が納得し、その必要性を理解し、子供たちと一緒に学んでいくことが重要である。安全で安心な食品を選択できる力、つまり、食のリテラシーをすべての国民が身につけることができれば、輸入品よりは少し高いかもしれないが質のよい、国産の農産物を購入する人口が間違いなく増えていく、と唱える専門家も多くなっている。

農業教育の意義

農業に関わる人々の数の減少により農村地域が過疎化している。このままでは日本から農村が消滅してしまいそうである。仕事で本州の山間をドライブしてよく見かける田んぼは、田舎を象徴する日本の原風景であり、日本人の心にとって懐かしい、重要な風景の一部である。それを守っている高齢者の方々がいなくなれば、懐かしい田舎の風景はすっかり消えてしまうのだなと思うことがよくある。そして、農業による生態系サービスという自然の恩恵もなくなってしまうのである。自給率を高め、持続可能な地域社会を再生するためには、まずは、農業をやりたいという若者の数を確保する必要がある。食のリテラシーが身に付いた子供たちが、食を生み出す農業に興味を持つことは自然なことである。そして、彼らは、地球温暖化などの異常気象、環境汚染、生態環境の変化と農業との関係がよく理解できるような専門家でなくてはならない。里山など、生態環境の場としての農村に関する知識だけではなく、生活の場としての農村の意義においても理解していることが重要だ。

前述したように、わが国の農業教育は、「未来の農業を担う若者を育てる」という点ではアメリカの教育方法を学び、それを真似ている。この点については、第Ⅲ部で詳しく説明しているので、ここでは述べない。しかしながら、未来の日本の農業を守っていくためには、国際競争力を持ち、かつ、質で勝負できる農業産物を生産できる若い担い手を数多く育てなければならない。そのためには、日本に適したユニークな「食農教育」も含めた農業教育方法の創造が必要となる。

ではどうしたら、このような資質を持った若者を育てることができるのであろうか。農業は、地域の自然と人が関わりながら歴史的に形成されてきた国の文化でもあるので、食と農の知恵を学び直す、つまり「温故知新」タイプの教育が有効ではないかと考える。昔の日本ではどんな農業教育を行っていたのか、どのように地域が発展していったのかなど、過去の事柄をもう一度調べたり考えたりして、新たな技術や教育方法を見出すことが、今、まさに、求められている。

過去を振り返る

国際協力は「日本から途上国へ」という一方通行の印象を持っている方も多いと思う。戦後の経済的大発展により日本は先進国の仲間入りをはたしたので、多くの国民は、日本が貧しく海外から支援を受けとる途上国であった時代を忘れているかもしれない。実は、短い期間ではあったが「海外から日本へ」という逆の方向から、開発途上国として日本が援助を受けていた時代があった。第2次世界大戦直後である。食料の援助や技術専門家の派遣など、日本政府や国連が、現在、途上国向けに行っている支援と同じようなことが行われていた。

たとえば、「ララ物資」という援助である。１９４６年11月から１９５２年６月までアメリカ在住の日系人の寄付により、乳牛、山羊、食料、衣料などが日本に送られてきていたようだ。また、１９４０年代後半には、国際ＮＧＯのケアや国連のユニセフからも無償の支援（食料、衣料など）を受けていたという。

私も海外からの支援に関連する話を帯広の酪農家のＳさんから伺ったことがある。アメリカの国際ＮＧＯが使っている有名な貧困緩和策が国内でも使われていたのであった。そのＳさんによると、まず雌牛１頭を借りる、そして、その雌牛が雌の子牛を産んだら、その子牛を近隣の農家に差し上げることで、借りを返すという仕組みである。Ｓさんの家も、１頭の雌牛から始めて、規模を拡大していったようだ。現在でも途上国で使われている方法が、戦後の十勝の酪農業の発展にも貢献していたことを知ってうれしくなった。

日本が近代化に成功した理由

それでは、どのようにして日本は経済大国になったのだろうか。戦後、人材の育成に力を入れたことが重要な役割を果たしたことは間違いのないことであろう。たとえば、農業を近代化し、食料供給を安定化させ、かつ、子女教育に力をいれるため、各都道府県に新設された国立大学の大部分に農学部と教育学部が設置された。同時に工業高等専門高校も全国に多数設立され、技術王国となった日本の基盤を作り上げる人材が大量に育成されることになった。

人材の育成と教育の仕組み

教育には、初等教育（小学校教育）、前期中等教育（中学校教育）、後期中等教育（高等学校）、短期大学教育（あるいは専門学校教育）、大学教育、それと大学院教育という6つの課程がある。農業分野での人材育成はどこで行われるかというと、後期中等教育（農業高校教育）以上の課程である。

近代史を振り返ると、まず、明治時代に農学校が開校された。農学校は、建国の目的で設立されたので、ほとんどの卒業生は都道府県や農業関係の団体職員として活躍したが、生産者として就農する人々は少なかったという。農業後継者を養成するための農業高校教育は戦後始まる。農業高校が全国に開校され、地域の生産者の子弟が入学できるようになった時からである。

農民の主体性を育む

本書では、農民の主体性を育むということが、農民の教育レベルや農村振興の程度を表す

「農村力」と密接に関係しているという点について焦点を合わせてお話をしていきたい。というのも、規模は違うが、事例として登場する北海道の士幌町の開拓と農業発展の歴史が私自身のアフリカ生活で学んだこと、つまり、「農民の主体性が高い地域では農村開発がすすむ」ということとよく似ているということに気づかせる出会いがあったからである。本文で詳しく述べるが、この出会いとは、士幌農協の理事であった太田助(たすく)さんとの出会いである。

士幌町では、農家の教育水準を上げることで新しい技術の適応度が高まり、後継者の育成にもつながった。後継者がいるということは、その家族も地域の住民として暮らしている、ということである。このような住民構成と一定の人口は、公的サービスを維持するのに重要な要素となる。他にも、教育水準をあげることで、貧困からの脱却を可能にする知恵と意思を農家は持つようになる。そしてそれが、農村振興につながっていく。つまり、農村の貧困緩和をめざすには、農業普及員だけが単なる技術情報のメッセンジャーとして機能するだけでよいのではなく、農村全体を考えながら、後期中等農業教育レベルの教育機関をたちあげ、農民の基礎科学能力を向上させ、農民の生活向上や農業の振興を図る活動が求められる。

本書の目的と構成

このように、士幌も含めた北海道の十勝という地域が農業王国となるまでには、後期中等レベルの農業教育という人材育成手法が、「農村力」を育むために重要な役割を担っていた。本書の目的のひとつは、十勝の人づくりの方法と村おこしの歴史について、国内外、国境を越えて互いに学びあうという人材育成の仕組みを多くの人々に知っていただくことである。農業教育が日本だけではなく世界を変えていくという本書のタイトルが生まれた由来でもある。そして2番目に、私自身のアフリカでの経験、とくに農民が主体的に動いたという事例や、参加型手法という途上国における地域開発のために開発された手法が、日本の畜産業の問題解決にも応用できたという事例もお伝えしたい。

第Ⅰ部では、「日本の経験を世界へ」と題して、日本の後期中等レベルの農業教育の成果である「農村力」による地域おこしの成功例が、途上国開発、とくに農村開発に役立つことを、JICA（国際協力機構）研修事業、JICA技術専門家および青年海外協力隊員派遣という、3つの方法で途上国の人々へ伝えていく国際協力活動について述べる。コラム欄には、元JICA職員の跡部さん、JICA研修コースに講師として参加している元農業高校教員であった水戸部さんと三浦さんが寄稿してくださった。

第Ⅱ部では、「アフリカの経験を日本に応用」をテーマに、私自身のアフリカでの経験とナカサングエ農民グループとの出会い、自らの経験を含めて途上国で学んだことが、日本国内の農村開発に役立つということを、獣医畜産分野の事例を用いながら紹介する。たとえば、ザンビアでの農民グループが主体的にすすめる村おこしの手伝い体験や、国内での応用事例として「農場どないすんねん研究会」の活動についてもお伝えする。

第Ⅲ部では、農業分野での教育課程のなかでも「後期中等教育（農業高等学校）」に焦点をあて、農民の教育レベルと農村振興とが密接に関係していたという事例として、北海道十勝の農業教育について紹介する。「十勝を発展させる原動力となった中等農業教育」という題目のもと、士幌農協理事であった太田助さんに士幌町の発展の過程について聞き書きした。そして、農畜産業における人を育てる大切さに関して、「人間力」が生産性にも関係しているという調査結果を報告する。後期中等農業教育が農業の技術を教えるだけではなく、農村のリーダーとしても活躍できる人を育てていることが理解できるであろう。また、現役の農業高校の先生方3名に「なぜ農業高校の先生になったのか」彼らの熱い思いも書いていただいた。

第Ⅰ部　日本の経験を世界へ

まず最初に、国際協力とはなにか、国際協力機構（ＪＩＣＡ）はどんな事業を展開しているのかなど、基礎的な事柄の説明から始めることにする。

国際協力とは、世界の平和や経済的発展のために、開発途上国の人々を支援することである。世界には１９５の国がある。そのうち、開発途上国の数は50カ国くらいかと考えていたが、意外にも多く、全体の８割弱（約１６０カ国）であるという。そこで、開発途上国の定義について調べてみたが、定まったものはないようである。一般的によく使われている定義は、ＯＥＣＤ（経済協力開発機構）の開発援助委員会による「国民総所得が９、２０６米ドル未満の国」である。ＯＥＣＤ加盟国が34カ国なので、非加盟国のほとんどが開発途上国なのである。これらの途上国では、貧困や紛争などの社会的問題だけでなく、感染症や栄養失調など衛生・環境面でも多くの問題がある。これらの問題は何らかの形で日本にも影響するので、自分の国だけがよければよいという利己的な考え方はなくし、だれもが幸せな生活を送れるよう助け合っていくことが国際協力の基本的な考え方だと思う。

また、国際協力には、国の機関、公益団体、民間や個人など、多くの人々が関わっている。政府開発援助（ＯＤＡ）には、２国間と多国間援助の２種類があるが、日本において、この２国間開発途上国支援を実施する国の機関がＪＩＣＡである。主な業務は、①研修員受け入れ事業、②農業や医療などの分野の技術専門家派遣、③青年海外協力隊事業である。また、橋や道路など設備の建設のために必要な資金を低利で貸したり、一番貧しい国々には、無償で井戸や病院などを建てる資金を提供している。現在のところ、ＪＩＣＡは約１５０国と協力関係があり、毎年約１万人の専門家を開発途上国へ派遣する一方、ほぼ同数の研修員を日本に招いている。

研修員受入事業

このようにＪＩＣＡでは開発途上国から多くの政府職員を日本に招き、さまざまな分野の専門知識・技術を伝えて、自国の発展に役立ててもらうために研修を行っている。これを研修員受入事業といい、目的や技術内容によりコースに分かれている。これを「研修コース」といい、年間６００くらいのコースが運営されている。また、開発途上国から専門技術を学びに来日する人を「（技術）研修員」と呼ぶ。研修員はほとんどが自国で公務員として働く人たちで、帰国後は日本で学んだことを自分の国の発展に活かすことが期待される。また、技術移転を行うその一方で、研修員はさまざまな交流を通じて日本人や日本への理解を深め、国際親善の橋渡し役としても重要な役割を担っている。

技術専門家派遣

開発途上国からの依頼により、専門技術を持った日本人を途上国へ派遣する事業である。相手国の行政官や技術者（カウンターパート）と一緒に働き、現地で必要とされる技術や制度の開発、啓発や普及などを行う。

青年海外協力隊事業

ケネディ大統領がアメリカで開発途上国への支援を行うために平和部隊（ピースコー）を1961年に立ち上げたことに影響されて、日本でも海外ボランティア活動である青年海外協力隊派遣が1965年から始まった。20歳から39歳までの青年が2年間、開発途上国に出向き、現地の人々と一緒に仕事をするという仕組みである。私も獣医師隊員としてザンビアに派遣され、ザンビア政府の職員として2年間仕事をしてきた。技術専門家とは違って仕事（技術）が一番というより、若さを売りに、国際協力を実践することが目的である。一種の青少年教育として考えてもよいのではないだろうか。若い日本人に世界を知ってもらい、日本に帰ってから国内の発展に寄与するということが期待されている。出発前には3カ月間、語学訓練などがある。

第Ⅰ部では、「日本の経験を世界へ」と題して、日本の農業教育の成功例が、途上国における農村開発に役立つことを、第1章ではJICA研修事業、第2章ではJICA技術専門家派遣、そして第3章では青年海外協力隊事業という、3つの方法で途上国の人々へ伝えていく国際協力活動について述べる。

第1章　ＪＩＣＡ研修事業

研修事業の一般的ななががれ

研修事業には、集団と個別の2種類がある。個別研修としては、私が勤務する帯広畜産大学では獣医系の分野で10カ月ほど長期研修員として受け入れている例もある。修了証書だけではなく修士号も取得できるコースもある。この本では、集団研修に焦点を合わせて述べるが、集団研修では、複数の研修員がコースの予定表に従い、一緒に行動することになる。通常、来日直後、日本生活のガイダンス、日本の政治・社会・文化などの紹介があり、日本語を少し勉強する機会もある。どんな研修員でも自己紹介だけは日本語でできるようになる。技術研修は短いものでは1カ月、長いと3カ月くらいのものもあり、英語やフランス語などを使い、実習、視察、講義などを組み合わせて学ぶことになる。通常、通訳の方がコーディネーターとして研修員と一緒に行動し、ＪＩＣＡや講師の方々からの連絡事項を伝えたり、研修員からの質問などを講師へ伝えたりしている。研修の終わりのほうに、評価会、閉講式を開催し、技術研修の成果を確認し合う。たとえば、研修員はパワーポイントを使い研修成果を口頭で発表するが、それに対する質疑応答を講師の方々の参加のもとで行う。全国には研修センターが17あり、そのひとつがＪＩＣＡ北海道（帯広）である。

ＪＩＣＡ北海道（帯広）

ＪＩＣＡ北海道（帯広）でも年間約３００人の研修員を受け入れているという。帯広市などの地方自治体や団体、帯広畜産大学などの教育機関、民間企業などの協力を得て研修コースを設置、実施している。基幹産業を農林水産業におく北海道の道東らしく、大規模畑作や畜産分野のコースが多いことが特徴で、他にも、釧路湿原など、道東を舞台にした環境関連コースもある。私は「農民主導の普及」コースのリーダーであるが、コースリーダーは、ＪＩＣＡと協力しながら研修コースのカリキュラムを作るなど、研修員に対して担任の先生のような役割を演じている。

このように、日本政府の開発途上国への技術協力では、日本人を海外へ送り出すだけではなく、開発途上国の人々を招き入れる研修員受入事業にも力を入れている。これらの2つの事業が両輪となり国際協力という車が走る。コラム欄には、元ＪＩＣＡ職員の跡部さん、ＪＩＣＡ研修コースに講師として参加されている元農業高校教員であった水戸部さんと三浦さんが寄稿してくださった。

農畜産分野における北海道十勝の農村開発の経験を、どのように世界へ伝えているのか、まずは、研修コースの事例を、その発案から計画、実施までの全過程について紹介する。

研修コースの発案

平成17年4月に名古屋から帯広へ赴任した当時は、帯広に誰ひとりとして知り合いはいなかった。その後、大学関係者の方々からご紹介していただくなどして、徐々に地元の生産者、農業普及、研究機関、教育関係者らにお会いする機会が増えていった。もちろん、私は大学教員であるので、生産現場を観察し研究課題となる問題を探り、研究を実施することも重要な任務のひとつである。しかし、それよりも、十勝というユニークな地域の魅力に魅せられたのであろうか、十勝の経験を世界に発信したいと思ったのである。その発信方法のひとつが次に述べる研修コースの発案と実施であった。

マラウイ国別畜産振興研修コース

この研修コースはマラウイの人々だけを対象としているので「国別」という名前がついている。なぜ、この研修コースを発案したかというと、「南部アフリカ3カ国における小規模

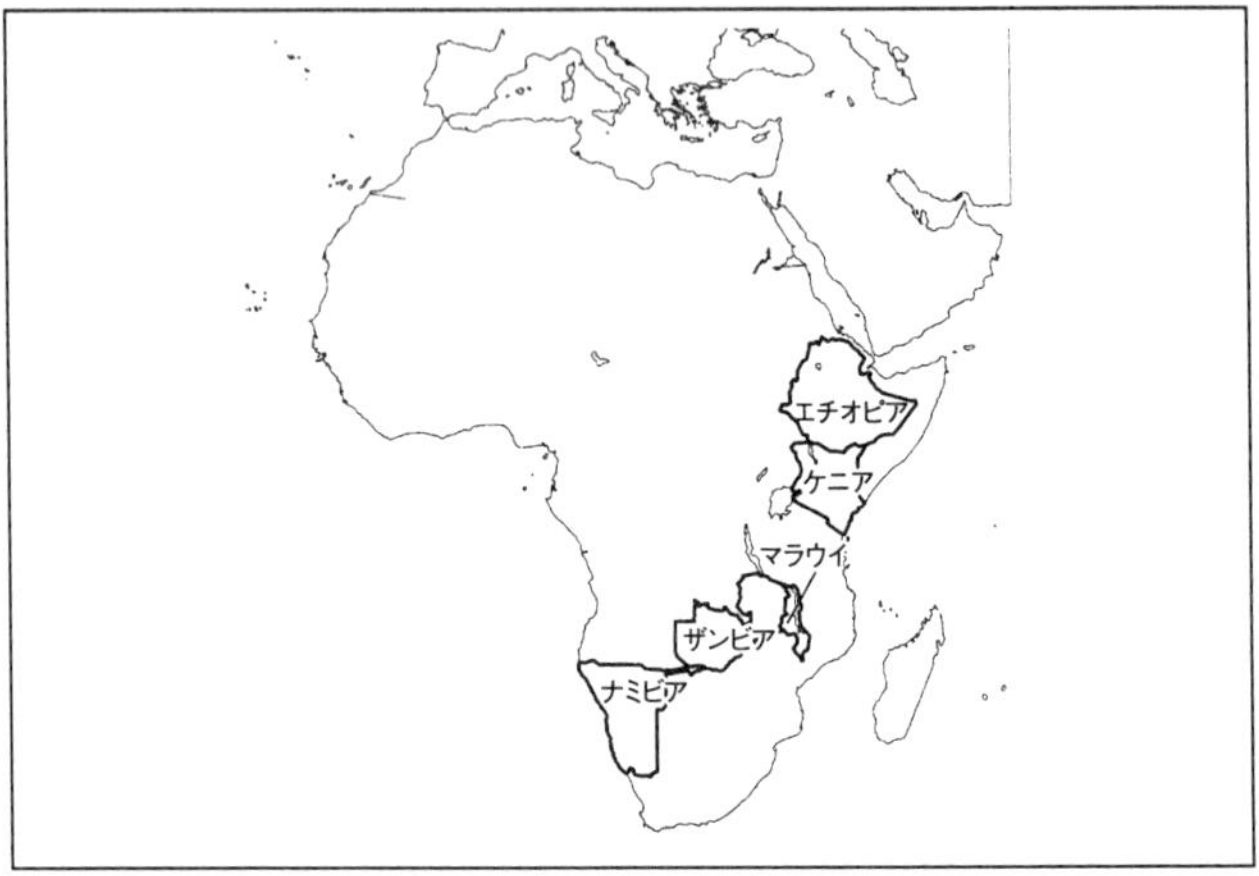

アフリカ

農家レベルでの畜産振興を妨げる要因の研究」と題する研究課題に研究費がついたので、私が平成15年度から17年度までの3年間、マラウイに毎年通うことになったからである。南部アフリカ3カ国とは、ザンビア、タンザニアとマラウイであり、ザンビア大学、マラウイ大学、タンザニアのソコイネ農業大学の3校の先生方および名古屋大学（16年度まで私が勤務）と帯広畜産大学との共同研究であった。マラウイはアフリカ大陸の南部に位置し、タンザニア、ザンビア、モザンビークの3カ国に囲まれた内陸国であり、マラウイ湖が国土の2割を占め、北海道と九州を足し合わせたくらいの大きさである。駐日マラウイ大使館のホームページによると、人口は1320万人で、東京都とほぼ同じくらいだという。

マラウイの畜産業の概要

農業全体に占める畜産業の割合は比較的小さくて、国内総生産の7％、かつ総農業生産の20％以下である。よって、収入源としてはさほど重要ではないが、主食となるトウモロコシや換金作物であるタバコなどの作物生産を中心とする農業活動におけるひとつの歯車であることは間違いない。近年、小規模酪農業が導入され、生乳の販売で生計がなりたつようになった人もいるかもしれないが、大部分の農家では家族の食料供給源として裏庭で鶏や山羊を飼育していることが普通であろう。都市の近くには卵、鶏肉や豚肉を提供している商業的な経営を行っている会社もいくつかあるが、大部分は投資もしないが生産性も低いという小規模な経営で、平均牛飼育頭数は7頭である。

調査の結果、小規模農家レベルでの畜産振興を妨げる要因として、大学や研究施設における研究活動が十分に行われていない、普及員が抱えている現場の問題解決のための応用研究が実施されていない、普及員への技術研修が不足しているなどの問題点が明らかになった。

家畜改良センター十勝牧場と協力

そこで、十勝の開拓経験を学びながら、家畜生産力を高め、生活レベルの向上を目指すことを目的とする総合的な研修コースを、十勝にある家畜改良センター十勝牧場と共同でＪＩＣＡ

北海道（帯広）に提案した。家畜改良センター十勝牧場は、全国に11ある独立行政法人家畜改良センターが運営する牧場のひとつで、家畜の育種改良、遺伝資源の保存、飼養管理技術の改善、優良な飼料作物種苗の供給による自給飼料の生産拡大などに努めている機関である。この研修の実施責任機関は家畜改良センターであるが、帯広畜産大学の教員らもそれぞれの専門を活かして研修コースの講師として参加してくださることになった。平成19年～21年度の3年間にわたり、総数18名の研修員を対象とした。研修コースのリーダーは私が務めた。コースリーダーは、研修コースの目的、講義内容や時間割、担当する講師の選抜などを関係者と話し合いながら決め、かつ、研修コース運営の責任者でもある。

このコースの正式な名称は、「マラウイ国小規模畜産経営指導者養成」である。平成19年度から21年度までの3年間、マラウイで畜産分野の普及や教育に関わる人々が約1カ月間、帯広に滞在し研修を受けた。19年度は3名、20年度に5名、そして21年度に10名の参加者があった。家畜改良センター十勝牧場と帯広畜産大学が得意とする専門性を活かした協力体制を組むことにより、十勝で成功した技術や事例を同じ環境下で学ぶことを可能とした。講義・実習・見学により、酪農経営振興のための普及技術とアプローチ方法を総合的に理解することが研修コースの目的であった。単なる技術の移転ではない持続性のある地域参加型普及者育成コースのモデルを構築しようと努めた。

研修中，訪問したある酪農家

研修コースの目標は、本研修に参加したマラウイ政府職員（畜産技術を農民へ普及する業務に携わる普及員）や大学の職員などが習得した畜産技術を、マラウイ国内で応用し指導に当たることにより、小規模農家の家畜生産力を高め生計の向上につなげることである。具体的な研修内容は、家畜繁殖管理、飼料作物生産とその貯蔵方法、乳牛の飼養衛生管理から生乳の質的管理までの乳生産全過程、畜産物のマーケティングと普及方法であった。

このコースは約1カ月の研修期間中、月曜日から金曜日の、午前9時から12時までの講義と午後1時から4時までの実習という時間割で実施された。目標1では、日本での家畜改良の歴史、牛の凍結精液製造、そして人工授精について計5日間かけて学んだ。目標2では、飼料作物と貯蔵方法、主にサイレージ調整、乾草の生産と調整、飼料作物の栄養価と栄養計算、飼料作物生産のための土壌改良に関して3日間、目標3では、十勝の酪農家や、酪農家から集めた生乳を加工している「よつば乳業」の訪問、乳牛の飼養管理、生乳の出荷技術、酪農家および工場レベルでの生乳の質的管理方法について5日間、目標4では、農協の視察も含めた、マーケティングや参加型手法など普及の方法について4日間の研修を実施した。そして、最後に研修員がテーマを決めて、十勝で学んだ知識や技術を生かした指導計画書を2日間かけて作成した。

研修内容に関するリーダーの感想

講義、実習、見学がバランスよく配分されており、実習を集中して行えなかった面もあったが、講義と実習が適度に分散していたと思う。要望の高かった技術的な実習（人工授精、精液製造技術）を充実するには、期間の延長が必要であったかもしれない。逆に、研修期間が短かった分、集中して研修を行うことができ、大変内容の濃いものとなった。人工授精の実習を増やしてほしいとの要望もあったが、実習した技術は、帰国後、研修員が引き続き訓練を続ければ確実に習得できるものである。人工授精を経験していない研修生にとっては、説明不足の面もあったようであるが、経験者にとっては問題なかったと考える。最終年は、人工授精制度の説明を加えるなど、技術ばかりに目を向けることなく「小規模畜産経営指導者養成」の観点に力を入れ理論も十分に実施したので、帰国後、自国の普及にも役立つであろうと考える。研修員に現場の普及を担う者と行政や研究を担当する者が混在することから、研修効果を高めるために、実習では、実際に現場で技術普及を行う者とそうでない者に分けて実施した。

国別研修の利点

研修員がマラウイ人だけで研修コースを実施することの利点としては、マラウイ政府の畜産局がだれを派遣するのか3年計画が立てられること、1年目の研修員が帰国すると次の年に派遣されてくる研修員との引き継ぎがなされ、次の年には改善した内容が実施できるなど、柔軟性に富む研修事業を展開できることである。そして、2年目には畜産局長ら政府幹部を招聘し、政府の畜産開発における全体計画を立てた。その後、私もマラウイを訪問し、関係者を招いてワークショップを開催し、彼らが設計したアクションプランについて議論するなど、普及に努めた。

計画の不実行

しかし、このような日本側の意図はまったく反映されず、かれらの計画はほとんどなにも実行されなかったのである。日本国内で実施される研修コースを「日本での休暇」と言っていた、あるコースの研修員のことを思い出したが、われわれ主催者側にも問題があったことは確かであろう。しかし、これが厳しい現実でもあり、国全体の政策になんらかの影響を与えることができるような研修コースの設計と実施のむずかしさを思い知らされた。

唯一の救いは、参加した研修員のうち、1年目に参加したマラウイ大学農学部の技術職員だけが習得した技術を使って、大学内で飼育する牛を対象に技術移転を行っていた。彼は、自費で人工授精に使う器具を帯広滞在中に購入するほど熱心であった。また、私に直接、電子メールを送ってくれたので、どこまで進んだのかなどの状況を知ることができた。しかし、畜産局長も含めて他の方々からは何も連絡がなく、マラウイ国内での研修員のモニタリングが十分に行えなかったことは残念であった。

研修環境について

ＪＩＣＡ帯広国際センターでは、研修員が自由に利用できるインターネット、パソコンが完備されており、研修環境としては十分であった。また、トレーニングルーム、カラオケ、食堂なども備わっており、研修員が普通に生活をする上で申し分ない環境であった。また、帯広国際センターには、絶えず海外研修員が滞在しており、他の研修員との交流も図られた。また、帯広国際センターの運営管理を行っている北方圏センターによるさまざまなイベントも研修員にとってリフレッシュできる要因となった。

本書および研修事業の発案に欠かせない人物をここで紹介したい。

太田助さんとの出会い

第Ⅲ部で登場する太田助（たすく）さんは、帯広畜産大学の卒業生であり、同窓会の会長も務められた方である。どのようにして、私が太田さんと知り合いになったのか、正確には覚えていないが、この研修事業を始めるに当たり、誰かが紹介してくれたのだと思う。マラウイ研修では士幌高校を訪問し、士幌の町がJAを中心にどのように発展し、日本一のJAになったのかを卒業生の方々からお話を伺うなどして、農業教育の重要性を学んでいただいた。その時のコンタクトパーソンが太田さんであった。こんな縁もあり、太田さんからJAでの仕事内容やモットーについて個人的にお話を伺う機会があった。この時に、アフリカで私がいつも考えていた「村人が主体的に活動する」にはどうしたらよいのであろうかという問いに対するすべての答えを太田さんからいただくことになる。この出会いがなければ、間違いなく、本書は生まれなかったと思う。士幌ＪＡや士幌町の発展は「ビジョンを持つ３人のリーダーが農民と一緒に同じ夢に向かって主体的に活動していた結果」であることを学び、ぜひ、この経験を途上国の人々が十勝へ来て、現場を見て、体験談を聞いてほしいと考え始めていた。

農民主導の普及コース

ちょうどそのころ、ＪＩＣＡ職員の跡部さん（コラム執筆者）らと、貧困を克服し農業王国となった十勝の経験を学んでいただくための研修コースを作りたいという話をよくするようになった。具体的な案ができた段階で、ＪＩＣＡ側に打診し、研修コースのカリキュラムを作成したところ、この案が採択された。初期の段階では、小規模ではあるが、平成23年度は2回、最初はアフリカやアジア諸国の普及員、そしてアフリカ仏語圏の普及員を対象に各1回、1カ月間の研修を帯広で実施した。平成24年度からは、正式なＪＩＣＡ研修コースとして3年間のプログラムが始まった。希望者が30名ほどあったので、年に2回、1回平均13～14名の研修員のためのコースを開催している。この「農民主導の普及」コースには、農民間普及（農民が農民へ技術を伝えていく普及の方法）、農民フィールド学校（農民が自らの畑や家畜を使い学習する場をつくり、新しい技術などを集団で互いに学んでいく方法）や課題調査／問題解決アプローチ（先生から課題をいただくのではなく自らで課題を見つけて、その解決方法を考えることが目的の主体的な学習方法）など、農民が主体的に動けるようになるための、農業普及手法の学習に必要な教育内容がつまっている。

新しいタイプの普及教育

「農民主導の普及」コースは「マラウイ国別畜産振興研究コース」と大きく違っている。従来の普及研修コースというのは、作物栽培の技術や畜産であれば繁殖技術などの、技術そのものを学ぶことが目的であった。しかし、このコースでは、農民がやる気になり、問題解決にむけて主体的に動けるような指導方法を学ぶことが目的である。つまり、トップダウンによる技術普及というより、普及員が農民にとって優先度の高い課題を見つけ出す手助けをし、研究員に教わった技術を応用して自分の畑で使えるようにする能力を農民が身につける、いわば「農民が主体となって」行われる普及活動を指す。そのため、農民主導による普及に関係する人々は多様で、農民はもちろん、普及員、関連した政府組織、NGO、民間企業、マスメディアなども含まれる。当該研修の対象者である普及員の役割としては、普及の中心となる農民の育成や学習の機会の提供、農家の問題解決に貢献する研究課題の試験機関への提案、農民—政府系機関—民間の調整作業、農民のニーズに合った普及サービス、農民による課題特定・分析のサポートなどが考えられる。

日本の普及では公的普及が大きな役割を担ってきたが、普及の方法や農民との関係を考えると、農民主導の要素が強いといえる。たとえば、普及員（現在は普及指導員）は、農家が何を課題として認識しているかをよく理解していなければならない。課題に応じて、既存技術で対応できるときは普及員が指導し、できない場合は試験場にそれを伝える。試験場には技術普及室があり、そこにも普及員が配置され、研究者とのパイプ役となっている。また、普及センターの情報が、農業協同組合を通じ農家に伝えられることも多く、普及の大きなチャンネルとなっているのである。さらに、農家は生産品目ごとに部会を組織していることも多く、そこで課題について意見交換したり、専門家を招くなど、さまざまな学習活動が行われている。

「農民主導による普及」研修コースの背景・目的

普及員の少なさや施設・設備の不足は、途上国における農業普及の課題として常にあげられる。しかしながら、財政難や民営化といった政策的理由により、これらを充足するための新たな財源や人材を確保することは現実として難しい。このため、普及員が農家を訪問し指導する従来のアプローチには限界がある。農民主導による普及は、このような従来の普及が抱える課題に対する解決策のひとつとなる。また、同時に、農民主導による普及は、営農の多様性や普及の平等性に良い影響を及ぼすこともできる。農民主導による普及においては、普及員の態度も変わらなければならない。普及員は〝教師〟というより、むしろ研修の機会を提供するプロモーターであったり、農家を動員するオルガナイザーであったり、試験の方法や科学的知見を伝授する控えめなアドバイザーであることが求められる。本プログラムでは、研修員は、科学的な考え方と農村開発的な考え方を学びながら、実際のカリキュラムを作成することで、農民主導の普及を計画し運営できるようになる。また、貧困のなかにあった時代から日本の食料生産基地になった十勝の発展のプロセスを学ぶことで、健全な農村振興に向けた普及内容を設定できるようにしている。

コースの目標は、帰国した研修員によって、農民主導による普及計画が行われる、である。目標の達成度を測るための指標として、(1)帰国後3カ月以内に、農民主導による普及の活動計画が所属組織またはプロジェクトにより承認されること、(2)帰国後6カ月以内に、農民主導による普及の活動が開始されること、が提案された。これらの指標は、研修員が帰国後、速やかにアクションを起こすことを期待したものであり、プロジェクトごとに運営や進捗状況などが異なるので、この期間中に活動が始まらないこともある。

単元目標は4つある。(1)農民主導による普及活動で用いるカリキュラムを作成できる、(2)

基礎科学を学び、応用科学との関係が説明できる、(3)地域開発における農業・畜産の意義について説明できる、(4)帰国後の農民主導による普及活動の計画をまとめた活動計画が作成されるである。

〈単元目標1と4　農民主導による普及活動で用いるカリキュラムを作成できる〉

単元1と4では、帰国後すぐに活動に移れるように、具体的な成果品として、カリキュラムを研修員各自で作成し、それを用いたアクションプランを作成することが目標である。研修の内容としては、十勝の歴史・産業・自然を紹介する常設展示の視察を通じて、研修場所である十勝の農業、産業の発展過程や、日本における農業高等学校の制度を学び、帯広農業高等学校の歴史に触れ、十勝・北海道地域において同校が果たしてきた役割を理解する。また、現在実施されている教育カリキュラムもあわせて紹介され、農業教育の基盤となるカリキュラムの作成について、日本の農業教育実践を紹介しながら作成までの過程を講義する。さらに、農民主導による普及の原点ともいえる農民フィールド学校とは何なのか、海外での事例も使いながら、農民フィールド学校の目的、運営方法などについて講義する。また、アクションプランの作成の手順、およびパワーポイントを活用したわかりやすいプレゼンテーションの手法についても紹介する。

〈単元目標2　基礎科学を学び、応用科学との関係が説明できる〉

単元2は、途上国（とくにアフリカ）で働く普及員そのものが、農場や実験室で実験を行う能力が低いと考えられるので、研修内容に組み入れることにした。ただし、この単元目標は、研修員のためだけにあるのではない。農民が圃場の比較観察や試験栽培といった科学的アプローチの「重要性」や実験の「楽しさ」を知るためには、研修員自身も同じ喜びを知る必要があり、有益な経験になることを期待して設けた。たとえば、生物の授業では、「ヒトは何故食べるのか？　ヒトは何を食べるのか？」をテーマに講義し、豆類は消化が良くないといわれるが、大豆タンパク質を凝固させた日本の伝統加工食品である〝豆腐〟を作る体験を通して、高栄養素である植物タンパク質のヒトの体への摂取方法について学習する。また、土壌学の授業では、土壌診断に関する講義を受けた後、大学の圃場および研究室で、堆肥の特性（酸性なのかアルカリ性なのか、色など）、土壌分析、作物体分析などの基礎的項目について実習することになっている。さらに、「測る」をテーマに、作物の重さなどを正しく測ることのできる能力の大切さも教える。農民が利益を得るためには、農業を量的に測れる能力も重要である点についても学んでもらいたいからである。

〈単元目標3　地域開発における農業・畜産の意義について説明できる〉

単元3では、農民あるいは農村が豊かになるためには、農村振興という大きな流れのなかで、普及や農民教育を考える必要があることを研修員に理解してもらいたいと考えている。この考え方の根底には、単なる農業技術の伝達者ではなく、農村振興を意識した農業普及ができる人材を育成したいという希望がある。農場経営に関した科目である経営論を、この単元で学ぶのもこのためである。具体的には、日本における農業協同組合の成り立ちと農業組織の役割や農協と農民および地域の関わり方、農業改良普及の現場を訪問し、普及員の実際の活動に触れ、農業改良普及の成功事例や、他のステイクホールダー（関係者）との協力体制も紹介する。ステイクホールダーとは、ここ10年くらいの間でよく使われてきた外来語であるが、ある課題や活動などに直接、または間接的に関わる人々であり、利害関係者という意味である。

また、士幌町農業の発展の歴史と、それに果たした役割を農業協同組合の視点から説明し、農業経営において必要となる経営の概念を学び、牛丼屋経営シミュレーションなどのロールプレイを通じて、経営論も学ぶ。第Ⅲ部に記述した太田さんの士幌農協時代のお話も、太田さんご本人が直接、研修員へ口頭で伝える講義時間もこの単元に含まれている。

これまでお話してきた研修コースを計画する段階で、コースの目的、研修内容や訪問先などに関するアイデアをたくさん提供してくださった跡部雅さんを紹介する。彼は、JICA北海道（帯広）に勤務していたが、この研修事業が始まる前に帯広を去り、現在、新米の一農民として四国で畑を耕している。

コラム① 国際協力に活かせる十勝の農業（跡部 雅さん、元JICA職員）

JICAは、海外だけでなく国内にもいくつかの拠点を持つ。そこでは、青年海外協力隊や、開発教育など国内向けの事業のほか、途上国を対象にした研修も行っている。研修コースでは日本に実際に来なければ習得が困難な知見や技術を学ぶ。なぜなら、日本以外の国で学べることに、国民の税金を原資とするODA予算を使うわけにはいかないからだ。帯広にあるJICAセンターで行われた研修を題材に、このコラムでは、十勝地方が持つ経験が途上国のためにいかに有用であるかについて述べる。

十勝の中心に位置する帯広市にJICAセンターがある。ここでは畜産や畑作といった農業に関する研修コースが多く行われている。実際、十勝は農業王国だ。畑のなかをどこまでもまっすぐ続く道、広大な敷地で草を食む牛の群れ、北海道と言った時、誰もが思い描く雄大な風景がここにある。そしてこのなかに、世界に通じる独自の経験が蓄積されているのである。

十勝の農業は大規模化が進んでいる。また、十勝の農家は多くの農業機械を保有している。加えて、北海道は冷涼だ。一方、貧しい国の多くは熱帯にあり、農民の畑は、十勝の平均的な農地の10分の1に満たないほど零細だ。そんな畑を農民は、鍬（くわ）や鎌、よくても家畜に引かせる鋤（すき）で土を起こしたり、雑草を取ったり、収穫をしたりしている。そう考えると「研修員が来て、十勝の農業の何が学べるのだろうか」と、疑問を感じる人がいても不思議ではない。

確かに、寒い地方ならではの栽培技術や高額な資機材など、十勝の農業は途上国との共通点が少なく、一見あまり役に立たないように見えるかもしれない。最初の段落で述べたように、どこで学んでも同じくらいの効果があげられるならば、研修員が暮らす国で学んだ方が一番効率的だ。ある程度発展した技術なら、タイなど中進国で学んだほうが、日本に来るよりも経費はかからない。しかしながら、研修員は何を知りたくて日本に来るのだろうか。また、研修員はどのようなことを日本で学べば自国の発展に貢献できるようになるであろうか。研修員が日本で学ぶべきことは、発展した日本の姿ではなく、そこに至るまでの過程を見て、聞いて、感じて、自国の農業の発展の方向性とその方向に進むための第一歩を見定めることだと思う。

そう考えた時、十勝の農業が開拓から百数十年にわたり築いてきた経験は、実は貧困削減に立ち向かうことができる人づくりにとって貴重な存在であることに気づく。それは、十勝といえども最初から大型機械を駆使した大規模な農業を営んできたわけではないからだ。人力で原生林を刈り倒し、極寒に耐え、困窮のどん底で必死になった結果として今の姿があることを忘れてはならない。その歴史はたかだか百数十年だが、その間、冷害や飛蝗（バッタ）の大群、価格の暴落など、十勝の農業は何度も試練に立たされてきた。明治の時代には開拓の夢破れ、昭和の時代には規模拡大について行けず、多大な借金を抱え夜逃げ同然に十勝を去った人も少なくない。いや、むしろそういった人たちの方がはるかに多いのではなかろうか。そのような熾烈な経験を経て、「畑のなかをどこまでもまっすぐ続く道、広大な敷地で草を食む牛の群れ」を、今見ることができるのである。よって、途上国において旱魃や病虫害、農産物の低価格といった試練に直面している研修員が十勝で学ぶべき点とは、日本最大の食料基地になるまでに十勝の農民が多くの困難をどのように克服していったのか、ということである。

私は四国で今、農業にたずさわっているが、十勝で知り得た技術はほとんど使っていない。しかしながら、多くの人が必死になって働いてきた結果、今の十勝があることを知っている私は、毎日朝から晩まで野良仕事をしている。雪が降る日に山の手入れをしていると足の感覚がなくなり鉛のようになるのだが、思い出したように足がぽおっと温かくなる時があるから不思議だ。夏の暑さより、隙あらば噛み付いてくる昼間のウシアブや夕刻涼しくなったころに出てくるブヨや蚊の方が苛立たしい。こんな生活も、昔一旗揚げようと北海道に移民した人たちと同じで、私も地縁も血縁もない所に移住したのだから2、3年は当然と思っている。これも十勝から得た態度の変容だ。研修員の母国が暑かろうと水がなかろうと、十勝の経験が通じると思うゆえんである。

次のコラムは、この研修コースでサブリーダーとして、研修講義内容の決定、農業教育のカリキュラムに関する講義や訪問先の農業生産者の方々の推薦など、重要な役割を果たされている水戸部さんにお願いした。彼は、帯広農業高校の校長先生でもあった。研修コースの講義において、研修員は、次の内容にも触れることとなる。

コラム② 農業が持つ教育力（水戸部洋二さん、元帯広農業高校教員、研修コース講師）

北海道に初めて農学校が誕生したのは北海道開拓使がおかれてから38年後の1907年、空知農学校（現在の岩見沢農業高校）であり、その後、1923年までに十勝農学校（現帯広農業高校）、永山農学校（現旭川農業高校）が誕生した。この3校の当時の卒業生はほとんどが道職員や農業関係の団体職員として初期の北海道開拓の推進役となって活躍し、就農する者は少数であったとされている。戦後は各地で農業後継者を養成する農業高校が次々と誕生し、1965年には最大75校（私学1校含む）の農業高校（農業系の高校も含む）が誕生した。

私は1964年、大学を卒業してすぐ北海道の稲作主産地である上川支庁管内の農業高校へ赴任したが、その当時の北海道の多くの農業高校（私の勤務校も）は季節定時制という北欧型農業教育のスタイルを取り入れていた。北欧では緯度の関係で作物栽培に適する時期が短いため、農家の子弟は、農繁期は月1〜2回登校して勉強するものの、それ以外の日は家の手伝いをし、日照時間が短くなる秋から冬の農閑期には全日登校して、4年間で高校の課程を終えるというシステムである。

日本の高校教育における定時制課程とは、向学心は旺盛なものの、経済的困窮で日中仕事に従事しなければならない勤労青少年たちのために夜間開校し、4年間で高校卒業単位を認める形態が一般的であり、これが定時制課程のスタイルとして広く認知されている。しかし、農業という職業は季節によって仕事に多寡が生ずる家業なため、農家にあっては子供の労働力をあてにでき、合わせて子供に高校教育を授けることができるこの季節定時制という方式は規模が大きく、人手を必要とした北海道の農村地帯の高校教育に大いに歓迎され取り入れられた。当時、全道の農業高校数は合計63校あったが、そのうちの実に34校は、父母の要請を受けて市町村が設置主体として開校した季節定時制の農業高校であったことが雄弁に物語っている。

しかし日本は、1950年に発生した朝鮮戦争による特需が引き金になり、1990年代まで好景気に恵まれ経済成長率も上昇し、国民総生産（GNP）は世界第2位にのし上がるなど、世界に類を見ない経済大国になることはできたが、その負の副作用は主に農業の面にしわ寄せされる結果となった。すなわち、輸出量が増えると当然ながら海外からコメ等の食料品の輸入圧力が強くなり、1993年のガット・ウルグアイラウンドによってコメ等の食料品を一定量輸入せざるを得なくなるなど、長年、保護政策で守られていた国内農業に風穴があけられた。また、1971年から当時の首相が提唱した

「日本列島改造計画」により農地の流動化が急速に進み、離農にも一段と拍車がかかっていった。さらに人的な面でも国の工業を重視し、輸出産業重視の施策によって若年労働力が農村から都市近郊へ集中する結果になり、農業高校からの卒業生も農村を離れ、高賃金の大企業へ吸い寄せられる傾向が強くなっていった。

このように日本の農業は経済の発展に翻弄されてきた。私が38年間の農業教師を終えた2002年には、北海道でさえ総農家戸数は離農等で約6万戸、つまり、約3割に減ってしまったことになる。食料自給率も40%を切るという有様になってしまった。反面、このような農業政策に翻弄されながらも生き残ってきた農家はほとんどが専業農家であり、離農跡地を吸収する等で規模拡大を図るとともに、労働の効率化を図るため機械化体系を整えて、今や北海道の農業は日本の食料基地として諸外国と対等に競える農業に育ちつつある。

これら一連の北海道農業の歩みから考察できるように、農家数の減少は、農業後継者養成を旨としていた農業高校の存続をも危うくした。少子化の問題も加わって農業高校は、一番多かった1970年代の75校から現在は31校へと急減した。そして機械化が進んだ現在の農業経営においては、農繁期に子供の労働力を必要とする農家はほとんど無くなったことから、家の手伝いをしながら4カ年かけて農業高校教育を受講する季節定時制というシステムは、その使命を果たし終えたと言われている。
しかし「農」の持つ多面的な機能を、成長途上の子供たちへの教育に活かしていくことは非常に有益であることを、私は38年間の農業教師生活を通して実感した。今や高校全入時代になり、多様な子供たちが高校に入学してくる。そのなかには、毎日6時間、机に座り、静かに教室授業を受けることに耐えられない子供たちも増えてきており、それが中途退学者増の主因になっている。しかし農業高校のカリキュラムは授業のなかに実験実習が組み込まれており、そのことは子供たちにとって息抜きや気分転換の一時ともなるので、動植物と接することにより、教室授業では得ることができない心を育てる貴重な体験の場ともなっている。それは農業高校の中退率が普通科高校に比べて低いという結果にもなって表れている。人間性豊かな人材の育成が今の教育界に強く求められている現在、「農」の持つ教育力を今一度、再認識する必要があると私は思っている。

次のコラムでは、「測る」という能力を食生活改善に活かした事例をご紹介する。コラムを担当してくださった三浦さんも、「農民主導の普及」研修コースの講師である。士幌の開発には、農業高校生とその家族も巻き込んだ栄養改善運動も一役果たしていたという次の内容について、研修員へお話していただいている。また、研修員を自宅に招き、十勝の食材を使った昼食を試食していただくだけではなく、おにぎりの作り方まで教えているということであった。

コラム③　食生活実態調査（三浦タミ子さん、元・士幌農業高校教員、研修コース講師）

私が士幌高校に赴任したのは1976年。全校生徒が160人足らずの、農業後継者育成のための働きながら学ぶ町立の季節定時制農業高校（農繁期5月〜10月週2回登校日、農閑期11月〜4月毎日登校日）である。当時この学校は存続の危機にさらされていて、学校全体が沈滞ムードであった。高度経済成長政策と相まって技術の開発、産業の発展をもたらし、私が赴任した40年代は職業教育の施設設備の拡充なども加わり、北海道における高校の再編、適正配置計画が打ち出されているさなか、士幌高校も生徒の減少と小さな農業高校ということでターゲットになったようだ。しかし、一方で地域農業教育に大きな期待を寄せていた町民は、農業後継者に夢を託していたのも事実であった。そんなこともあって、町、農協、商工会、卒業生が相まって振興会（会長に農協組合長太田寛一氏）を設立し、北海道教育委員会に陳情し、士幌高校の存続を強く求めた。「オラが町の高校を廃校にしてなるものか！」という町全体の意気込みが伝わってきたときでもあった。存続が可能になると同時に士幌町のさらなる飛躍を目指し、新校舎を含む農業特別専攻科（高校卒業後2年間、農業後継者教育）宿泊実習施設、学校農場など、多くの実習施設を年次別に整備をしていった。

私の赴任条件は家庭科の教員ということだったので、教科指導に専念すれば良いということだった。しかし、この学校のカリキュラムと教員数の都合で、家庭科教員も農業教科の一部を担当し、免許外であったが農業科目2学年からの総合実習（ホームプロジェクト学習）を受け持った。男女の比率は半々だったので、女子約60名（2年、3年、4年）のプロジェクト指導を2人の家庭科教員が担当したが、内容は生活に関するものが主であった。男子は皆、後継者だったので、畑作、酪農、園芸のなかからどれか1つを専攻した。女子は日々の家庭生活のなかから問題点を見つけて、どのように展開していったらよいのかなど考えながら課題を見つけていった。常に家族とのコミュニケーションがなければ問題発見にもつながらず、計画を立てるのも難しいのである。ホームプロジェクトの内容は、ほとんどが家庭生活を中心としたテーマが多く、私の専門教科とも連動する個所もあるので、指導に当たる意味では助かったのも事実である。

食生活分野では、朝、昼、夕そしておやつ。要するに、家族が食べているすべてを記録する作業をはじめた。わが家で食べている食事調査から食品摂取状況、栄養摂取状況の調査を進めたが、なかなか思うようにいかなかった。台所を預かっているおばあちゃんたちから「こんな面倒くさいことやってられない！」と抵抗があった。ここでおばあちゃんの反撃を受けて辞められたら大変！　データとして処理するのであるから、記録もれがあっては困るのである。じゃ、どうしたらいいのか。考えた挙句こんなことを実施してみた。食べものは、私たちの体のなかに入ってどのような効果があるのか。そしてどのように体を巡っていくのか。その経路等を、使い終わったカレンダーの裏に大きく人間の図を描いて、食べ物の役割を説明した。食べたものは食道を通って胃に入って消化され、栄養が吸収されていろいろな組織に分かれるんだよ、と。

そんななかで、家族の食生活実態調査から目に見えてわかってくるものがあった。わが家の食生活の傾向は、何が過剰で何が不足しているかということが数字に結果として表れてくるのである。さらに、わかりやすくバランスシートにグラフ化して家族に見てもらった。当時、酪農家でも乳製品が不足していたり（牛乳は生産物として出荷するため）畑作農家でも豆類が不足していたり、豊富な野菜があるにもかかわらず緑黄野菜が不足という、面白いまとめになった。このような結果をもとに家族で話をしたら、何となく食べることに対して気を遣うようになった。台所を預かる人ばかりではなくて家族全体がそんなムードになってきているところもあって、幸先が非常に良いものになり、テーマとして掲げていた食生活改善の順調な滑り出しだった。

プロジェクト学習活動は、わが家の実態調査に取り組みながら、自分たちが住んでいる町全体の食生活に対する意識調査をしたが、家庭の実態とほぼ似たような結果が地域でもみられた。たとえば料理方法がパターン化していたり、摂取食品も偏っていたり、その食品の栄養価もあまり知られていない等。たとえば、身近な食品、とくに地域で生産されている牛乳、豆類、多くの野菜類などの摂取が不足気味なのには本当に驚いた。そして越冬用（冬はマイナス20度～30度になるので、冬の食用としてムロなどに多くの野菜を保存）の野菜が食用として利用されず、春になって捨てられるということである。このデータを生活改良普及員にも報告し、農家の食生活指導の参考にしてもらったこともある。食品の栄養も知らないし、料理もあまりつくらないので、材料が豊富でもほとんど利用しないというアンケートもあった。またこの町は魚類が不足し、町民は栄養面ではカルシウムが大幅に不足していることがわかった。

地域の問題点がよくわかってくると、問題解決にどう取り組んでいくかという話し合いに時間をかけた。材料が豊富なのだから、それを食生活に取り入れてもらうためにはどうしたらよいか。まず、その使い方（料理の仕方）を自分たちが知らなければならないということに気づき、料理の研究へと進めていった。地域の産物である豆類、とくに畑の肉といわれている大豆から手掛けた。机上の論ではなく実際に自分たちで栽培を試みた。家族と話をし、畑の一画を借りて栽培した。種をまいたのになかなか発芽しないと思ったら、なんと大豆は鳩の餌になっていたのである。失敗だった。最初からやり直した。今度は、生徒が早起きして朝から鳩追いである。こんな笑い話とも苦労話ともいえないところから始まった。畑の整地は親に頼み、播種～除草～収穫と自分たちの手で進めていった。ホームプロジェクトで巡回時に生徒の親から教わったことが、私自身、大変参考になり、この体験から生徒は大豆の持っている特性を体で感じたのである。収穫した貴重な大豆を使い、料理の研究に取り組んでいった。

学校は時代の背景もあって、定時制から全日制に移行し、プロジェクトの形態もホームプロジェクトからスクールプロジェクトになった。個人プロジェクトから集団で進めるプロジェクトである。生徒は毎日登校しているので家庭訪問の必要性が無くなったが、私はしばらくの間、ホームプロジェクトとスクールプロジェクトの指導を併用しながら進めた。当然、班のプロジェクト学習では、わが家から地域へと流れが変わっていったが、相変わらず基本となる実態調査をベースにしながら進めていた。巡回指導が無くなった分、生徒は毎日学校にいるので合間を見ながら細かい指導が可能になった。農村部では農協婦人部や改良普及員、市街地ではさまざまな集会を通して、人口7000人の町の、より確実な食生活の実態調査や地域の食に対する問題点を探っていた。農作業が一段落する冬期間に集中して、農協婦人部、婦人学級など女性が集まる機会を利用して料理講習会を積極的に開き、普及に努めてきたが、通常の授業をやりながらの活動なのでなかなか大変だった。

各地域での料理講習会では生徒が先生役で行っているはずが、いつの間にか、おかあさんやおばあちゃんに教わる場面もあり、充分に地域の人たちと交流を持つことができた。長年のプロジェクト活動を通して、地域での食生活改善に少しは役に立ったのではないかと思う。そして、食生活改善や地場産業の振興だけではなく、学習活動を通じて地域の婦人と後継者である生徒、そして学校とのコミュニティづくりにも貢献できた。これらの活動が認められ、農業クラブ全国大会にて最優秀賞に輝くなど、多くの賞を頂くことができた。

研修員による報告書

研修実施前に研修員は、研修の主題にかかる研修員および所属組織の課題やそれに対する現在の組織としての対策・枠組みをまとめ、カントリーレポートとしてコース開始時に報告する。人口、家畜飼育頭数、農業特産物の紹介の他に、普及活動における具体的な問題としては、普及員が少なくて農家を500軒も担当しているのに、農家を訪問するための乗り物がない、農民が協力的ではないなどである。

私も多くの開発途上国で仕事をしてきたが、行ったことのない国もあるほど多彩な顔ぶれである。ガーナ、ベナン、ナイジェリア、セネガル、チュニジア、エジプトなどの北西部アフリカやザンビア、マラウイ、タンザニアなどの東南部アフリカ地域などアフリカ勢が多いが、アジアではアフガニスタン、タジキスタン、ミャンマーなどからも研修員が参加している。

研修終了時には、研修で学んだ知識や技術等を基に単元目標（4）にかかる活動計画（案）を作成し、コース終盤に発表する。活動計画の実例として、平成25年の春に行ったコースに参加したガーナ人研修員の活動計画書を紹介する。まず、この研修で彼の印象に残った内容としては、十勝では、個人ではなく農協などを設立し集団として利益を得ている、農民のやる気を高め実現可能な目標をたてさせる、また農業はビジネスであるという概念であった。

彼の活動のテーマは、農作物を販売する能力が農民に欠けているために、仲介者に収益を搾取されているという問題を改善するということであった。訓練のカリキュラムには、グループ形成の重要性（1週間）、チームづくり（2日間）、記録の取り方（2日間）、農場管理方法（2日間）と費用効果分析（3日間）が盛り込まれ、1日2時間程度、農民が作業の合間に参加できるような計画をたてた。果たしてこの計画が実行されることになるかどうかはわからないが、実現できることを祈っている。

また、帰国後に、事後活動である最終報告書を作成し、研修員は帰国後、中間報告書に書かれた活動計画（案）を所属組織に報告、関係者と共有のうえ、最終的な活動計画をまとめ、帰国後3カ月以内にJICA北海道（帯広）に提出することになる。JICA北海道（帯広）は同計画書を関係者と共有のうえ、次年度以降に実施される研修に内容をフィードバックし、必要に応じフォローアップを検討する。

コースリーダーからの3つのお願い

コースリーダーは、講義や実習が開始される前の、オリエンテーション時に初めて研修員と会うわけであるが、私がコースリーダーとして、いつも、研修員にお願いしている事項がある。多様な学習形態の活用、研修の目的達成に関する自己評価、そして日記をつけるという3つである。このコースには、講師による講義、研修員同士での学び、訪問した農家や農業高校の高校生から学ぶという3つの学習形態がある。ついつい講義だけが学ぶ場所と思ってしまうが、さまざまな国から来た研修員同士が互いに学ぶことはたくさんある。そこで、講義中にグループ討議や共働作業をやってもらうことも多い。また、生産者に質問することで生の経験談が聞けることも多いので、積極的に質問するよう激励している。

2番目の「研修の目的達成に関する自己評価」であるが、なぜ日本に来たのか、研修の目的についても機会があるたびに研修員に聞いている。初回のオリエンテーション時に、この質問に答えられない研修員がたくさんいるので、どのくらい研修目的が達成できたか、自らで評価方法を考えるようお話もしている。普及員自身も主体的に考え、行動できるよう励ましている。

そして、3番目の日記であるが、毎週3～4人のグループに分けて何を勉強したのかグループ研修日記を書いていただき、電子メールで私へ提出する作業も課している。この日記を書くためには、毎日、研修後にグループで集まって話し合いをしなければならず、夜遅くまで仕事をしているグループもあるということであった。そして、よく書けている日記を全員へ配布する。そうすることで、何をいつどこでどう勉強したのか研修員全員が同じ教材（＝日記）を使い、復習できるというわけである。

研修の評価

ＪＩＣＡの通常の評価方法によると、研修コースの目標に基づき、研修成果の測定・分析を通じてコース終了時に当初目標の達成度を確認することになる。また、今後の研修で改善すべき点をあげ、この研修コースの質的改善を図る。評価の方法であるが、(ア)コースリーダー等によるコース目標の達成度把握、(イ)研修員が提出する研修内容や宿泊施設に関する質問票による評価、(ウ)ＪＩＣＡによる評価、の3者による評価を総合的にとりまとめる。そして、研修終了時に評価会を実施する。また、研修員の帰国後に、評価結果に基づき、ＪＩＣＡ帯広、コースリーダー、講師が参加し、研修の目標・内容、プログラム構成、指導方法等について協議し、翌年度以降のコース改善に向けて対応方針を検討している。

研修最終日に行うアンケート調査によると、研修員全員が研修内容に満足している様子である。とくに有益であったと考える内容としては、教育カリキュラムの組み立て方、農業高校で行われている若者教育が農村地域へ応用できること、農業協同組合など組織化の重要性、農民への経営教育や基礎科学の習得の必要性などであった。また同時に、日本滞在中には日本社会から学ぶこともたくさんあったと思う。強く印象に残った日本人の特性としては、清潔好き、やさしく親切であり、時間に正確で勤勉であると述べていた。

マラウイにおける研修員フォローアップ

研修コースには、研修員が作成したアクションプランをどのように運営しているのか、技術的な問題はないのかなど、現地に行って研修員の活動をモニタリングできる仕組みがある。リーダーを務める私以外に、このコースを担当するJICA職員、講師として参加している農業高校教員の3名で、平成25年3月マラウイを訪問する機会が与えられた。

首都のリロングエに到着後、まずはJICAマラウイ事務所を訪問した。その後、農業普及を担当する政府機関、普及員の多くが卒業している短期大学などにて情報収集を行った。今回の訪問でモニタリング活動の対象となった研修員は、首都より500㎞ほど南にある前の首都のブランタイア周辺にて勤務している。車で1日かけて移動し、研修員と一緒に彼らが活動を行っている村を訪問し、村人からも意見を聴取した。

次に私の、4名の帰国研修員の活動に対するコメントを紹介する。

Aさんは、帯広での研修コースを終了しマラウイへ帰国後すぐに昇進したため、担当地区と仕事内容が変更された。よって、計画されていた活動はほとんど実行されていない。また、インドでの2カ月間の研修より戻ったばかりで、最終報告書も作成できていなかった。しかし、われわれの現地視察に3日間同行してくれたので、十分に意見交換をすることができた。現在の彼女の担当は、普及方法の開発と普及員への教育なので、他の3名と協力しながら、

マラウイで研修員の活動を視察

帯広で学んだ農民フィールド学校の実践とプロジェクト方法をブランタイア地区の担当者へ普及していくとのことであった。具体的には、3名のプロジェクト活動現場への他の普及員の視察ツアーの実施、帯広で学んだことを共有するためのパンフレットかニュースレターの作成と配布である。農民フィールド学校という言葉は知っていたが、具体例や実践経験がなかったのでマラウイでは応用されていなかったという。普及員が感じている普及活動をさまたげる問題点を解決するためにも、彼女が中心となりプロジェクト企画書を作成し、外部資金を獲得し、普及方法を改善していくという案が実現できることを祈っている。

Bさんは、「未来の農民」という概念を

応用し、C小学校で小学生を対象に堆肥づくりの実習を行った。農業教育と実技は小学校のカリキュラムに入っているので、講義内容のひとつとして堆肥づくりを導入した。校長先生らの理解もあり、順調に行われている様子であるが、1回目は失敗したという。訪問時は、2回目の結果待ちということであった。ピット方式を採用している。他に、収入を増加させるための普及も実践している。村としての活動を奨励し、共同組合を作り、生産物を売り出すという案であるが、事前の十分な市場調査が必要となるだろう。一村一品プロジェクトとの連携や市場開発の専門家との共同活動が求められている。

Dさんは、E村で、農民フィールド学校手法と農業高校で学んだプロジェクト手法を使い、トウモロコシの栽培方法（3つの方法）の違いを村人の実験により比較しようとしていた。3つの方法とは、①これまでのやり方（畝の幅やトウモロコシの植え方の間隔が広い）、②75㎝という政府が推奨するやり方、そして、③堆肥を入れ込んだものである。収穫前なので実際の収穫量の比較は5月くらいに行う予定であるという。ノートとペンは政府から村人へ支給されているようだが、まだ、ノートへの記載内容は乏しく、十分な指導が必要である。

Fさんは、G村にて不耕起栽培方法の導入を農民フィールド学校形態で実施中であった。この実験圃場は参加者のひとりの所有地であるが、これを12に分けて、12戸の農家が全員実験に参加していた。まだ、各自の農地では実施されていないが、ここでの収穫量を比較することが待たれている。この地域には、イタリアとマラウイの混血（在イタリア）の方が建てた孤児院があるようにエイズで亡くなる人が多い地域であり、できるだけ労働力が少ない農法が望まれているという。また、余った時間は冬野菜（トマトなど）を栽培しうることにより収入を増すこともできるということであった。国際農業研究機関のひとつであるＩＣＲＡＦ（国際アグロフォレストリー研究センター）からは堆肥木などの支援があり、この資金を使って現地を担当する普及員と協力し農民フィールド学校を開設するなど、Ｆさんは将来の普及活動の発展に寄与できる人材であると期待できる。

政府の方針に従いながら、既存のプロジェクトとプラスの相乗効果が出るような方法を考えて、アクションプランが計画されていたことに感銘した。大きな問題もなく、これまでの普及方法とも共存し、かつ、予想以上の成果が上がっていたことが現地訪問により確認できた。この地域では、農業普及に関係するＪＩＣＡプロジェクトが5年間運営されていた。このことにより、普及の手段としてのバイクや周辺状況が整備されていたことも、アクションプランを計画し実行できた重要な要因のひとつであったと考える。

普及局の局長との会合で、リードファーマーというコンセプトはマラウイ農業省でも受け入れられて最優先手法として使われていることを知った。また、参加型手法の導入によるトップダウンからボトムアップへの切り替えも90年代から奨励されている。しかし、普及員自身の頭の切り替えはまだ進んでいないようである。とくに年配の普及員への対応が問題で、「農民の意見を尊重するように」と指導しても理解してもらえないと元研修員のFさんが話していた。

研修の効果を減少させる要因

研修効果を少なくさせる要因を知りたくて、「どのような場合にやる気がなくなるのか」ブランタイアを出発する前日に開催されたワークショップ時に、現場の普及員20名ほどに聞いてみた。日当が出ない、ガソリンがないなどはよく聞く要因であり、多くの参加者が指摘した。上司からの励ましがない点などもあげられた。これらの問題点は、自分だけの努力でも改善できることがあるかもしれない。たとえば、情報の共有である。普及員が考える農民側の問題としては、普及員への依存、農民からの反応の悪さであり、これらは普及員側にも問題があるという意見があった。多くの阻害要因は政府側の問題であり、上司の指導の方法、上司に誉められない、現地の事情を聞いてくれない、知識が足りないので農民を十分に指導できないなどの意見があげられた。政府と農民の両側の問題としては、資源と支援不足であった。

平成24年度コースB（2015年1月～2月に開講）では、参加型手法の講義時間に、普及活動ではなにが問題なのか研修員14名全員で問題分析を行った。ランク付結果によると「動機付けが低い」ことが、1位となった。どうしてこうなるかというと、上司から十分意見を聞いてもらえないなどトップダウン方式や汚職も関係しているとのことであった。この結果からわかったことは、自国に帰国後、研修員の上司が帯広で何を学んだのか話を聞いてあげ、帰国発表会を開催し多くの関係者に帯広で学んだことを伝えることが、彼らのやる気を高め、アクションプランを実行するための励みとなるのである。具体的には、JICA帯広などから彼らの上司と研修員にメールを送り励ますこと、また、研修員がJICAプロジェクトのカウンターパートであることなども、研修効果発現に貢献するのではないだろうか。

また、今回の調査にて気づいた点であるが、マラウイ国以外で使われている技術や方法のすべてがマラウイに適応できるというわけではないので、マラウイの実情にあった農業技術を開発するためにも、普及員や研究者の農学実験能力の向上をめざす研修コースを補完コースとして設営する意義があるかもしれない。

マラウイの研修員は一般的にまじめであるという印象はあったが、乗り物がないので村に行けないなどのマイナスとなる外部要因が多く、本当に現場で農民フィールド学校を展開しているのかどうか疑問であった。報告書を読んだだけでは実際の活動が始まっているのか、なにをどこまで実施したのかなども理解できなかった。しかし、「百聞は一見にしかず」というように、現地訪問により研修で学んだことが現場によく応用されていることがわかった。運がよいことに、ブランタイヤ県では普及に関連するＪＩＣＡプロジェクトが5年間実施されていたので、計画を実行するための基盤ができていたと思う。バイクがあるだけでも大きな違いを生む。さらに、ジェンダー省も関わっていたプロジェクトなので、女性の参加する割合が高かったこともよい結果を招いたのだろうか。貧困緩和を目指すには、普及員は単なる技術情報のメッセンジャーとしてではなく、農村全体を考えながら、農民の生計向上や農業の振興を図る役割が求められる。

これらの点を研修コースではさらに強調していくことが望まれる。このように私自身、試行錯誤しながら、研修内容を磨き上げているのが実情である。

第2章　農業教育分野の技術専門家派遣

農業普及や中等農業教育分野での技術協力専門家派遣事業として、私自身が関わったアフリカのエチオピア国と南米のパラグアイ国における事例を紹介する。これらは共に1カ月間未満という短期間の派遣であった。

エチオピアでの農民主導による普及プロジェクト

平成24年3月30日から4月13日まで、私はアフリカにあるエチオピア国で展開されている農民研究グループを通じた適正技術開発・普及プロジェクトの畜産（家畜生産・衛生／参加型研究）分野のＪＩＣＡ専門家として派遣された。エチオピアは、東アフリカに位置し、ソマリア、ケニア、南スーダン、スーダン、エリトリア、ジブチに囲まれた内陸国である。首都はアディスアベバであり、サハラ砂漠以南の国々において、ナイジェリアについで2番目に人口の多い国である。私は１９８０年代後半に、国連ＦＡＯの専門家として数回エチオピアを訪問したことがあり、今回の訪問は約20年ぶりのものとなった。

プロジェクトの目的

プロジェクトの上位目標は、ＦＲＧ（farmer research group：農民研究グループ）に参加している農家の生産性と収入の向上、および生産のリスクが軽減されることである。実現可能なプロジェクト目標としては、ＦＲＧ手法、つまり、農民に受け入れられる農業・畜産技術の研究開発を行い、同時に農民主体による技術革新の能力向上をめざすことを意味するが、この手法をエチオピア農業研究制度のなかで主要な手法のひとつとして確立させることである。このプロジェクトが計画された理由として、「研究成果が効果的に農家に適用されていない」という点が関係者に指摘されていたからである。もし研究者が農民グループとともに技術開発に取り組んで、農民のおかれた状況を正しく理解できれば、その現状の問題を解決できる技術を産み出すことができるはずである。

私の派遣の目的は、乾燥地での牧畜民向けＦＲＧ手法による畜産技術開発・改善、および参加型アプローチの改善への技術的助言を行うことであった。それでは、どのような技術開発がＦＲＧ手法に一番適しているのだろうか。このアプローチでは、研究過程を体験することで、農民が知識を増やす、つまり具体的な技術の開発や普及というより、農民が学習する

〝場〟をつくりだすことが最大の目的であると私は考えている。自らの農業生産の変化（改善）を眼のあたりにすることで、意欲が増して、農民の主体性が高まる。よって、私自身は、農民フィールド学校の同類語として、ＦＲＧ手法を定義したい。

研究課題の選択

前述のようにＦＲＧ手法を定義すれば、どの分野の技術開発がよいのかという各論は、それほど重要ではないかもしれない。しかし、「農民はせっかちですぐ成果を期待する」という士幌農業協同組合の元理事の太田さんの言葉から、農民にとって重要な問題であり、かつ、短時間で成果が出やすい課題を選択することがキーポイントとなると考える。たとえば、小規模酪農分野であれば、牛の発情の発見のこつ（牛がどのような行動をとるのか）や地元にある作物などの副産物の家畜飼料としての有効利用に関する研究課題などである。

次に考慮すべき点としては、エチオピアにおける牧畜民の課題を解決するための問題分析があげられる。問題解決にどのように取り組むのか、そのための議論はいそがれるが、まずは、問題分析をすることである。そして、多岐にわたる複雑な問題を系図として描くだけではなく、プライオリテイ（順位付け）を明確にすることが重要である。このために、第一に、既存のデータを分析しなければならない。いくつかの農業研究所を訪問した時に、「データは集められている」という点は確認したが、分析はなされていないようであった。ある獣医学部の学部長は、エチオピアにおける畜産開発分野における重要課題とは、第一に病気、2番目に飼料、そして3番目が繁殖、であると言っていた。獣医師という立場からの意見であり、あまり現実性はないかもしれない。病気のコントロールが大切であることはよくわかっているが、地方分権化後、地方における獣医局の体制があまり機能していない現在では、効果的な活動は期待できないだろう。疾病調査も定期的に行われていないので、各疾病がどれくらい国内で広がっているのかも不明である。このように、ワクチンや治療薬の不足など、予防やコントロール体制が衰退している点については、農民だけではなく他分野の関係者からも指摘された。

記録することの大切さ

農民が観察した事項を、農民自らが記録する訓練に重きをおくことが重要である。具体的には、生産性の指標、たとえば体重の増加、子牛の死亡率、出生率、産後の病気、難産などの事故率、牛乳生産量などのデータを農民が毎日記録できるようになる訓練が必要となる。また、家畜の売買を量的に表す指標である販売や購入割合などを推定してみないと、管理方法の改善について有効な議論はできない。飼料について考察するためにも、前述の生産性に関する指標を、研究所レベルと農家レベルでの2つの側面から分析することが必要となる。

このように、記録をしながら、問題を見つけ出し、研究者の協力を得て、問題を分析し、餌の種類と体重の増加、また、病気の発生との相関関係を調べて、因果関係を探っていく仕組みを作り出すことは、FRG手法を使えば実行可能であると思う。そのためにも、まずは、研究者側が既存のデータを分析し、すべてのステイクホールダーがこれらの情報を共有しながら、現場の問題を話し合う場を作り上げる。このような場が増えれば、農民の主体性が高まり、村落における家畜の生産性を上げていくために有効であるFRG手法を使った体制が自然に構築されるのではないだろうか。

帰国前のセミナー

帰国前にセミナーを開催していただいた。その会場で、エチオピア政府職員の方々と議論する機会があった。農民フィールド学校と持続的発展について事例を使いながらお話した。FRG手法と農民フィールド学校の目的は基本的には同じであるので、ILRI（国際家畜研究所）の事例を紹介しながら、農民がフィールドという学校で実践を通して勉強することの重要性を強調することが目的のセミナーであった。FRG手法に適した研究課題についても持続的発展の意義を振り返りながらコメントした。また、エチオピアの将来の酪農や畜産開発のあるべき姿を考えていただくために、日本やスウェーデンの事例と家畜と野生動物の共生に関するケニアの事例も紹介した。エチオピアの現在の畜産レベルは、家畜の生産性や流通システムの現状から判断して、欧米や日本の、第2次世界大戦直後、1950年代くらいの状態であった。海外のまねをするのではなく、エチオピアの環境や資源に見合ったユニークな畜産業を形作るためにも、さまざまなオプションを考えだして、研究機関が率先して試験的に普及技術を産み出し、農民と一緒にフィールド実験を繰り返しながら普及していく必要があることもお伝えした。

このように、エチオピアでは普及プロジェクトで、次に述べるパラグアイでは中等農業教育（日本の農業高校と同じレベル）のカリキュラムを改善することで、農民の能力や農村を振興、発展させるために行ったJICA技術協力についてお話する。

パラグアイの中等農業教育

私も1回だけだが、2週間ほどパラグアイに滞在した経験がある。パラグアイの中等農業教育について調査するために現地に飛んだが、ロサンゼルス経由で24時間かかるという、長い飛行時間であった。アフリカよりもずっと遠い南米大陸という印象が今でもはっきりと脳裏に記録されている。パラグアイでは、JICAプロジェクトに勤務される日本人専門家や

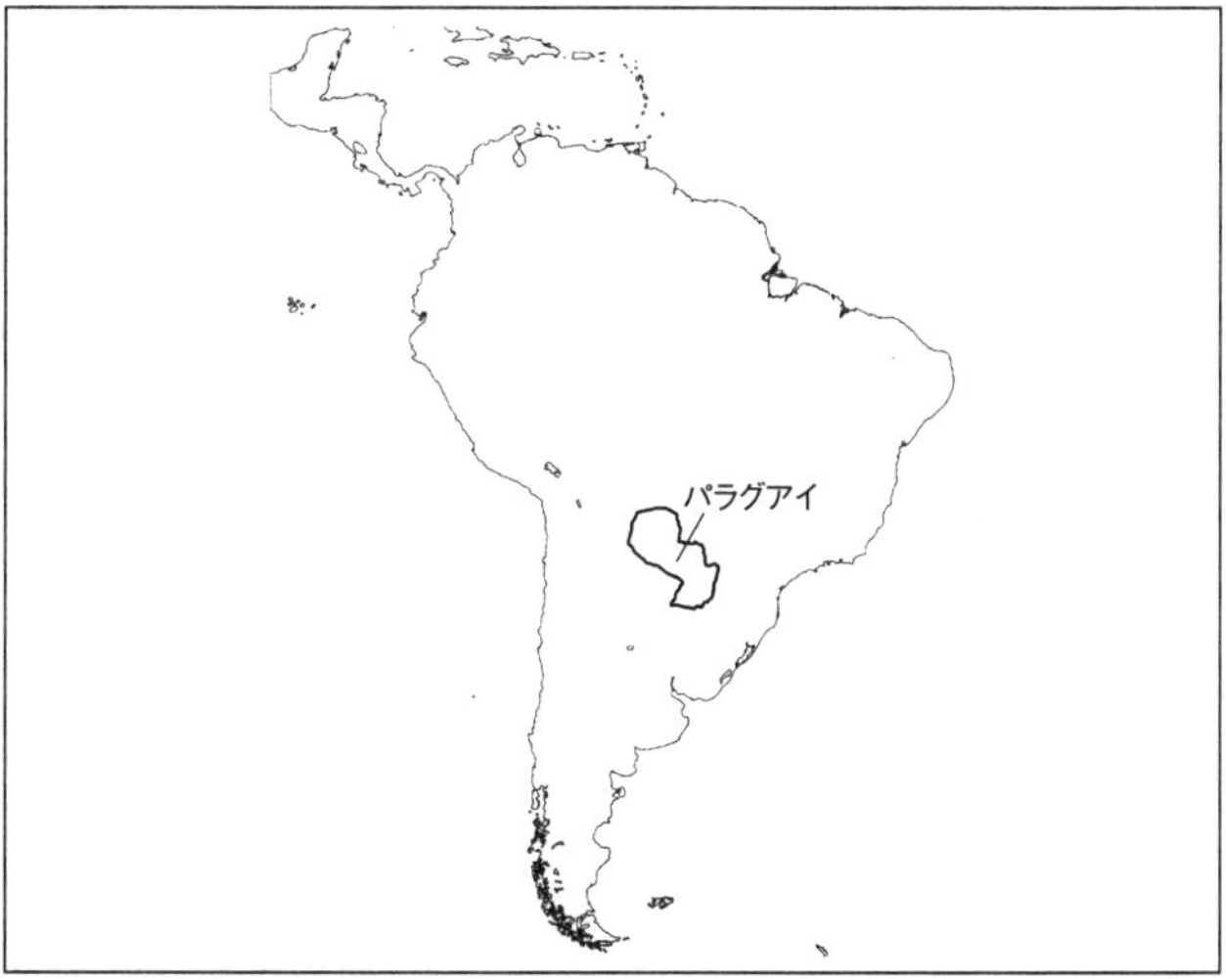

南　米

農業高校で働く青年海外協力隊員を訪問した。１９３７年に日系人が初めて入植して以来、日系パラグアイ人の国づくりへの貢献が高く評価され、友好関係が続き、日本は非常に高い評価を受けているという。

パラグアイ訪問

パラグアイは、南アメリカ中央南部に位置し、東と北東をブラジル、西と北西をボリビア、南と南西をアルゼンチンに囲まれている内陸国である。首都はアスンシオンで、日本より面積は少し大きいが、人口はずっと少なく、６００万人くらいである。首都のアスンシオンは海抜が低いこともあり、本当に暑い街であった。そこで出会ったのが冷たいお茶のテレレである。パラグアイ人にも近隣諸国の国民と同様にマテ茶を飲む習慣があるが、パラグアイ人は冷水でいれるマテ茶の一種であるテレレを好んで飲む。肉食の傾向が強いパラグアイ人は、血圧を下げるためや、ビタミンの補給、発汗作用のためにも飲んでいるようだ。暑い日中など、このテレレを飲むと頭もすっきりして、大好きになった。日本の緑茶のようにカロリーもないので、ダイエットにもよい飲み物である。

中等農業教育におけるカリキュラムの再編

南米にあるパラグアイ政府の依頼により、JICA技術専門家として、2名の大学教員が2000年3月から4月にかけて1カ月間パラグアイに派遣された。かれらは、教育の専門家ではないが、農村での農業活動について詳しく、実践的な助言が与えられるであろうと判断し、派遣されることになった。問題点を把握し、どのようにカリキュラムを再編すべきか、その過程においてどのような協力が可能であるかを探ることが、2人の日本人専門家の最大の任務だった。かれらは農業教育の専門家ではないので、派遣前に勉強会を数回、行った。この勉強会の参加者は、2人の専門家以外に、愛知県の農業高校教員、南米の教育システムの専門家や私からなる。また、パラグアイの文化や農業に詳しいゲストも招いた。文献調査による現状の把握もしたし、研究会の教育分野の専門家との議論を十分に行い、派遣前に日本国内とパラグアイの農業教育事情を十分理解していただいた。本書では、3回の事前勉強会と現地調査によりわかった課題と解決策案についてその概要を述べる。

パラグアイの農業の特徴とその問題点

パラグアイでは、全農場数のわずか3％である大農（土地所有面積200ha以上）が国土の86％を所有する一方で、83％を占める小農（土地所有面積20ha以下）の所有する農地は国全体の6％に過ぎず、小農の一戸当たりの平均農地面積は6ha以下である。このような格差は固定的なものではなく、経年ごとに広がる傾向にある。しかし、パラグアイの農作物の生産量に小農が貢献する割合は非常に大きく、輸出作物のワタでは70％以上、主食のキャッサバとサトウキビでは約75％、トウモロコシとサトウキビでは50％、野菜は80％以上を小農が生産している。非効率的な生産技術しか持たない小農は貧困にあえぎ、近年の気候不順や農産物の価格不安定のため、将来にも不安を感じている。現在、パラグアイでは、土地を失った農民の都市部への流出や不法占拠が大きな社会問題となっているが、小農の貧困は栄養問題だけではなく、教育問題、人口問題など、他分野への影響も大きいため、農政における小農対策は非常に重要な位置を占める。

パラグアイ政府は、国内のさまざまな農業問題の解決のためには、基礎教育の充実が大学レベルの教育よりも重要であるとの政策を打ち出している。これは1995年に導入されたメルコスール（南米南部共同市場：パラグアイ、ブラジル、アルゼンチン、ウルグアイが加盟している共同市場のこと）を意識した考え方であり、この根底には小農をいかにメルコスール経済圏で自立させるかという問題も含んでいる。中等農業教育を担当している部門は農牧省農牧林業教育局で、同局は農業教育の問題はカリキュラムであると結論づけていた。

カリキュラムの課題と日本の経験からの助言

専門家の現地調査により、現行のカリキュラムにおける課題は、(1)時代への対応、(2)地域性の考慮、(3)小農への配慮、(4)専門性の重視、の4つに大きく分けられた。コンピューター科学やバイオテクノロジーなど新しい技術を習得するための講義がカリキュラムに含まれていない点が指摘され、近代の科学技術の発展への対応が求められている。また、1つのカリキュラムですべての地域の農業教育を実施することには無理がある。たとえば、大規模な穀物生産が可能なテラ・ロッシャ地域、果樹栽培に向いているコンセプシオン、土壌が弱アルカリ性でキャッサバやササゲよりサツマイモや落花生のほうがよく育つチャコ中央部など、農業経営の規模や形態に地域差があるからである。

メルコスールが確立された現在、これらの国々の間で農産物が流通することが多くなり、人の動きも活発になってきている。そのため、加盟国間での統一のカリキュラムを用いた教育が必要であるとの認識もあった。さらにパラグアイの農業形態から考えて小農対策は必須であり、小農に対する教育の必要性も緊急の課題である。しかし、それを支える中等農業教育のカリキュラムは制定以降まったく改訂されていないため、この間の技術の進展と現代社会の要求に答えられない状態になっているのが現状であった。

日本人専門家がパラグアイの農業教育関係者とのやりとりで感じたことは、「理論と実践」という考え方はある程度は理解されているが、「基礎と応用」という考え方はそれほど浸透していないように見受けられたということである。それが災いして、カリキュラムの内容が時代や地域の実情に適していないことも指摘された。つまり、現行のカリキュラムは国内統一のものであるため、地域農業の特殊性に対応せず、さらにすべてが必修科目となっているために、卒業生に専門性を持たせることが難しいという欠点を持っていた。よって、新カリキュラムは、基礎編と応用編から編成されるべきであると提案された。基礎編はすべての農業高校で教えるが、応用編は地域の事情や専門性を考慮して、学校独自の判断により組み立て、さらに個人の希望を組み入れることが可能なように、選択制とするなどの配慮が必要である。また、新しい技術を受け入れやすくするための理数科教育など、基礎教育の強化や初歩の経営学の導入も重要になるであろう、という具体的な助言をパラグアイ政府へ伝えた。

私自身が経験した中等農業教育と農民主体の普及活動に関するＪＩＣＡ技術専門家派遣事例をご紹介した。普及分野の専門家は多いが、農業教育の専門家として海外で仕事をしている日本人はほとんどいないのではないかと思う。当時、農業高校の先生にパラグアイに行ってもらうということも考えてみたが、1カ月間も学校を空けることができないということであった。また、20数年前であれば本学にも農業教育の専門家がいたが、今はもういない。国内で農業教育を研究している方々が作っている研究会や学会も規模が縮小しているという。

第3章　青年海外協力隊

中等農業教育分野への派遣

パラグアイ国の中等農業教育カリキュラム見直しに関する調査の要請が発端となり、私は2000年くらいから中等農業教育について調査を始めた。また、この調査活動を通して、パラグアイには多くの青年海外協力隊が中等農業教育分野に派遣されていることも確認できた。中等農業教育は、一般的に、小学校などの初等教育と大学などの高等教育の中間に位置する公的・非公的な両面での農業分野における職業教育として位置づけられている。中等農業教育の目的は、農村での指導者や技術者の育成である。国連のFAOは、農村地域の問題解決をめざし、地方部の隠れた人材を教育の場に引き出し、慣習的な教育方法より型にはまらない非公的な教育方法を活かすものとして、中等農業教育の重要性を指摘している。

派遣実績調査

このように、中等農業教育は貧困緩和につながる地域開発や農業・農村開発、現場での人づくりに貢献するために重要であると認識されている。しかし、農業分野におけるＪＩＣＡの実績を振り返ると、農業系の大学では高等教育の専門家、農業研究機関では研究者、農業現場では普及事業を通した政府普及員への支援が多く、地域の農民技術指導者の養成に関する報告は少ない。また、青年海外協力隊員の派遣数を調査するにあたって、特定の職種であれば、その派遣実績や業務内容を容易に把握できる一方で、中等農業教育という職種は存在せず、その地域へ、何名の隊員が、どのような形態で派遣されているのかなどの実態が明らかになっていない。

そこで、青年海外協力隊事務局の許可を得て、平成15年当時に入手可能であった平成3年度1次隊から平成13年度2次隊までの約10年間に派遣された隊員を対象に、青年海外協力隊の中等農業教育に関連した派遣実績を調べてみた（10年前の古いデータではあるが、前述したように中等農業教育という正式な職種はないので、データベースから最近の動向を調べることができなかったことをここでお詫びする）。農業水産、保健衛生、教育文化、土木建築部門のなかから、協力隊員データベースを利用し、３２７８件を選び出した。そして、報告書に記載してあった業務内容より中等農業教育に関わったであろうと考えられる派遣を２０４

件選んだ。いくつかの例外を除くと、大部分は、中学、高校や短期大学で農業分野の授業や実習を担当する隊員の派遣であった。最終の確認作業として、このなかから81件の報告書の内容を詳しく読んだ。204件は、全体（3278件）では1割に満たないのだが、その内訳では野菜と家畜飼育隊員の割合が高かった。地域的には、中南米への派遣が半数を占めていた。とくにパラグアイへの派遣が一番多いのが特色であった。次に、アフリカ、大洋州、アジアの順に続くが、ほぼ同数の隊員が派遣されていた。

具体的な職種をみると、家畜飼育隊員の派遣数は、派遣総数では野菜隊員の3分の1程度であったが、中等農業教育分野では野菜隊員の約半分におよび、家畜飼育隊員が中等農業教育に関わる割合が比較的大きいということもわかった。作物分野での隊員派遣割合が高い要因は、同分野での現地のニーズが高いことに加えて、隊員の派遣前での技術習得が比較的早期に行えるために、日本側の人材が多いということも理由のひとつかもしれない。

アジアにおける中等農業教育は、国ごとの格差が大きいことが特徴であり、一部の国では十分な数の指導者が存在するために、海外協力に依存する傾向が低いという可能性もある。一方、中等農業教育の仕組みが存在しないアフリカでは、初等学校における農業教育が盛んで、教育科目として指導する学校もあるという。これは、基礎の農業知識と技術を習得し、科学や環境について、より実践的に効率よく学ぶことができると考えられるからである。また、将来、家庭での食料生産と消費加工を担当する女子学生に利益があると共に、学校で実際に農業生産を行い、それを消費することで、学生に栄養学的な支援が可能となる。そのためか、アフリカ地域では、中等教育機関より初等教育機関での農業教育が多く実施されており、中等農業教育分野での要請が少ないとも考えられる。

中等農業教育分野における協力隊員の役割

途上国の人材育成における中等農業教育分野の協力隊員の役割の重要性について述べてみよう。パラグアイでは、国内農業のさまざまな問題解決のためには、中等教育の充実が高等教育より重要であるという政策を打ち出していた。このように、中等農業教育は開発途上国における農業・農村開発に強く影響を与えることが可能である。また、農業の生産現場や農村レベルでの知識や農業技術の能力を持つ指導者を育てることにより、持続的な農業・農村開発が実現する。とくに、地域開発を目的とした地方での職業訓練などに焦点を置くことが重要である。開発途上国における生活向上・改善をめざす開発手段として、中等農業教育の充実がさらに必要になると考える。そして、日本での村おこしの経験を学び、途上国でも応用することで、より効果的な人づくりにも貢献できると思う。以上のことから、派遣前訓練中に、青年海外協力隊員候補生へ農業教育の意義とその教育方法に関する基礎知識をあたえることも意義があると考える。

前述のパラグアイにおける農業教育のカリキュラムの見直し調査を行ったＪＩＣＡ専門家のひとりが泉さんである。彼は青年海外協力隊員（野菜隊員）としてパラグアイへ派遣されていたことがある。住民への普及活動に奮闘していた時のことを語ってくれた。このように、協力隊員は多様なかたちで農業教育に関わっている。

コラム④ 乾燥地での野菜栽培失敗談（泉　泰弘さん、滋賀県立大学教員）

1989年7月から1992年1月までの2年半、青年海外協力隊員としてパラグアイに滞在した。私が2年半暮らすことになったのはマチャレティという名前の定住部落で、村人はグアラニ系グアラヨ族だった。夏は45℃を超える高温、雨は非常に少なく半年以上降らないこともあるチャコ地域にある。加えて常時流れている川はなく、井戸を掘っても出るのは飲用にも灌漑にも適さない塩水ばかり。つまり人が住むにはあまりにも過酷な環境だからである。

当時パラグアイでは100人を超える協力隊員が活動していたが、チャコ地方に住んでいたのは、そして先住民の村であるマチャレティに入っていたのは2人（私と村落開発普及員の同僚）だけだった。ここから仕事の話を書くと、農業不適地のチャコで何かできるとしたら、干ばつに強く、痩せ地でも栽培可能なイモ類のキャッサバ（現地名マンジョカ）ぐらいしかないだろうと私は考えていた。なお、村で食用作物の栽培はほとんど皆無で、村人はドイツ系居住地への出稼ぎで得た金で食料を買っていた。また、派遣前に専門家からも「キャッサバが育たないような所なら何をやってもダメでしょう」というアドバイスをもらっていた。そこで首都から遠路はるばる苗木をＪＩＣＡのスタッフに運んでもらい、枝の半分ぐらいを縦に地中に挿すやり方（フィリピン方式？）で植えた。キャッサバは、大学時代に先生が圃場で作っていたので馴染みがあったからだ。後日来られた現地採用の職員さんによれば、パラグアイでは枝を横にして完全に埋めるらしく、「これじゃ出ないよ」と言われたけれども私には自信があった。案の定、萌芽もその後の生育も順調だった。乾期に入り葉が落ちたので掘ってみたところ、申し訳程度に細い芋が数本付いているだけ。とても食べられるようなものではない。これにはガッカリ。粘土質の畑が乾燥によって固く締まり、塊根の肥大がほとんど進まなかったのである。この時点で諦めてしまった。当時の私にもう少し土壌学の知識があれば、何らかの対策を取っていたはずと悔やまれる。そして短い降雨期間でも収穫できる野菜へ方向転換した。

関心を示した村人を対象として家庭菜園での栽培指導を行ったところ、どの家でもコマツナやチンゲンサイのような葉菜類はよくできた。またオクラも毎日食べきれないほどの実が成った。ただし普及は進まなかった。家政の隊員を招いて料理教室を開いてもらったが、ウケは今ひとつ。彼らがよく食べるものに限って出来が良くなかった。結局、食文化の違いはいかんともしがたいということだろう。

他には学校や教会も兼ねる集会所の隣りに展示圃場を開設し、キャベツの栽培を試みた。ところが定植した数百本の苗の半分近くが一晩のうちにハキリアリによって持ち去られ呆然自失。侵入を防ぐため深い溝を切らなければならなかった。その後も雨が降らず苦労の連続だったが、結局は灌漑水の不足のため500グラム程度の小玉しかできず、しかも一部は裂球しかけていた。ドイツ系居住地の市場に持って行ったものの安値でしか売れず、2度目は断られてしまった。最後の悪あがきで塩漬け（ザワークラウト）まで作ったのだが、引き取り手は現れず捨てるしかなかった。

「せめて一矢を」と考えて任期を半年延長したのだが、そのシーズンはほとんど降雨がなく仕事らしい仕事はほとんどできなかった。ということで、当方は肉体的にも精神的にも十分すぎるほど鍛えられたのだが、本来の任務である技術協力の達成度は「下の上」、せいぜい「中の下」だったと今も思う。

青年海外協力隊の経験談としてよく聞く話である。しかし、技術指導ばかりに気を取られないで、まず現地に到着したら、農民と十分な時間をかけて話をし、現地をくまなく観察してから、何をすればよいのか決めても遅くはない。自分自身の経験や日本人ならばこれが欲しいというような発想で、現地の人々が食べたくないものを作っても誰も買ってくれないので、現金収入増加へはつながらない。普及員として現地に入った協力隊員であるならば、農民の立場でものを見る目を養うことが大切だ。やる気は満点でも、地域の住民を理解できないだろう。本書に書かれている主体性を育てる方法が理解できれば、住民からの情報が得やすくなり、現地に溶け込むことが容易になる。

アフリカへ派遣された農業教育隊員

農業教育に関わっている隊員は、もっと多いのかもしれないが、実態がよくわかっていない。パラグアイでは農業高校に多くの協力隊員が派遣されていたし、何名か個人的に知っている方もいる。一方、アフリカへの農業教育分野の隊員の派遣は少ない。ひとつの理由としては、アフリカには農業高校がないからであろう。

帯広畜産大学の出身だということで、農業短大で教育を行うために協力隊員としてザンビアに派遣された女性がいることを知った。彼女には、2005年のザンビア出張中に彼女の勤務地である農業大学で一度会う機会があり、次のような文書と世界の自然七不思議のひとつであるビクトリア滝（ザンビアとジンバブエ国境にある）の写真を私のホームページに掲載させていただいた。「〝サハラ以南アフリカ〟と一括して呼ばれる地域が持つ諸問題を例外なく抱えるザンビア。貧困とＨＩＶ／エイズの蔓延がザンビア最大の社会問題で、国民の平均寿命は33歳程度である。日本はザンビアにとっての最主要援助国として経済協力だけでなく、毎年50～60名の青年海外協力隊員を派遣している。ザンビア協力隊員の大多数は理数科教師として、エイズで死亡する教員数を補充すべく学校に配属されている。エイズ問題はザンビアの経済・社会開発上、乗り越えるべき最大の障害となっている。経済は主に銅の生産に依存してきたが、肥沃かつ広大な未開拓地を有する農業分野とビクトリアの滝に代表される恵まれた観光分野の開発を中心とした産業構造改革を最優先の政策の一つとしている。」帰国後、彼女は農業高校の先生になり、未来の日本のために、農業分野における人材育成に励んでいる。

パラグアイでは国内農業のさまざまな問題解決のために、日本から専門家を招くなど、後期中等教育の充実が高等教育より重要であるという政策を打ち出していた。パラグアイは希なケースかもしれないが、後期中等農業教育の充実は開発途上国における農業発展・農村開発には不可欠なものであり、多くの国にその重要性を伝えていく必要がある。農業教育が充実すれば、農業の生産現場や農村レベルでの知識や農業技術の能力を持つ指導者を育てることになり、持続的な農業・農村開発が実現する。たとえ教育現場に派遣されない協力隊員であっても、農業教育の効果について知っていることは地域開発には不可欠であり、農業教育の意義を学ぶ機会を増やすことを奨励する理由がここにある。

前述したマラウイでのフォローアップ調査では、農業高校の先生に同行していただいた。アフリカへ初めて出かけたということと、国際協力の方法についてもほとんど知らないということが功を奏して、彼から現地の農業技術や普及方法に関して有益なコメントをいただくことができた。残念なことに、彼は年休を使っての参加であった。本書にも記載したように、技術だけではなく、日本での村おこしや農業教育経験が途上国の発展にも十分活かせるので、大学だけではなく小中高等学校などの教育関係者がより多く国際協力に関われる機会を増やせるとよいと思う。

二度目の挑戦でやっと協力隊員候補生選考試験に合格できた私は、昭和55年11月末に2年8カ月間の公務員生活にピリオドを打ち、昭和55年12月1日、当時、東京の広尾にあった訓練所に入所した。3カ月間の協力隊派遣前訓練を修了しなければ、協力隊員として現地へ派遣されない。広尾訓練所は、この派遣前訓練を受けるために必要な、宿泊と研修施設が一緒になった建物である。私が所属した隊員候補生8班は12名の女性より成る。2段ベッドが6つある洋室とたたみのある和室が一緒になった大部屋での生活であった。毎朝ランニングがあり、訓練所をでて、まず、南麻布6丁目駅の前から、順心女子学園を左手にみて、日赤病院のわきをぬけ、聖心女子大の校内を通り、訓練所に戻るというコースである。朝起きて体操後走るなどという健康な生活は久しぶりであり、朝食が美味しくて、納豆や生卵と一緒に丼ぶりご飯を軽々と平らげていた。また、船で行った大島ではマラソン（8㎞）研修も実施されるなど、研修では体力作りは重要な科目であった。

最初の1カ月の入門研修は広尾訓練所で実施されたが、その後の語学研修は、駒ヶ根訓練所で行われるのが当時の通常の方法であった。しかし、私が所属した55年4次隊は、100名以上いたので100名しか入れない駒ヶ根に全員宿泊することはできず、アフリカ英語圏、医療関係者などいくつかのキーワードに当てはまる24名（うち女子7名）が広尾に残されることになった。私もそのひとりであった。新年は浜松の方広寺というお寺での座禅体験から始まった。この時点では4次隊全員が一緒であったが、1月6日の朝、私ら広尾組は浜松駅へ、駒ヶ根組はチャーターされた観光バスにて駒ヶ根へと去っていった。その後、3月中旬まで語学研修を中心に訓練が続く。人数が少なく少し寂しさもあったが、広尾にいられたので高校や大学時代の友人に会えたし、買い物、映画などを週末に楽しむこともできた。

第1章　私のアフリカ体験

ザンビアとの出会い

1981年（昭和56年）4月に、アフリカ大陸の東南部にあるザンビア国の地を踏んだ。当時は、成田、セイシェル、ケニア（2泊）、ザンビアの順に飛行し、ザンビアの首都ルサカに到着したのは、日本を出発し4日後くらいだったと思う。首都での3日間のオリエンテーションを受けた後は、田舎の経験をするための現地訓練（1週間）が用意されていた。私は、ルサカより600㎞東方の、マラウイ国境に近いチパタという街へ派遣された。長距離バスでの移動であったが、途中で買った落花生を包んでくれた紙は、よく見ると朝日新聞の古紙であった。

チパタには、先輩の獣医隊員がすでに赴任していたので、彼女がホームステイ先の農家（ベルジアン一家）を見つけておいてくれた。ベルジアン家には、61頭の牛と草地、とうもろこし畠があり、5～6人の農夫を雇っていた。平均的な農家と比較すると裕福であると思うが、住まいは泥でつくった昔ながらのマッシュルームハウス（筒のような形の家で、藁ぶき屋根が上にのっていて、きのこのように見えるのでマッシュルームハウスと呼ぶ）であった。もちろん電気も水道もなく、夜は漆黒の闇に包まれる。私のために新しいマッシュルームハウスが作られていたが、壁の泥が乾いていなかったので、正直、快適な家になるまで数日かかった。食事は、朝、ミルクティーとパン。昼はかぼちゃの茹でたもののみ（塩味なし）、あるいはシマ（トウモロコシの粉をねった主食）と野菜の煮込み、夜はシマとレバー炒め、シマとゆで卵（ともに、パサパサしているので、これが一番食べにくかった）というように、一般的なザンビア人が食べるものより動物タンパク質も多くて、かなり気を遣ってくれていたようである。

ザンビアの正式名称はザンビア共和国であるが、コンゴ民主共和国、タンザニア、マラウイ、モザンビーク、ジンバブエ、ボツワナ、ナミビア、アンゴラの8カ国と国境を接する南部アフリカの内陸国である。面積は日本の約2倍あるが、人口は日本の10分の1程度で、人口密度の非常に低い国である。車で移動している時など、一度、町をでると隣町までの約200㎞、誰もヒトを見かけないことがよくあった。ザンビアをご存知の方は非常に少ないと思うが、1964年の東京オリンピックの閉会式に独立した国であり、日本とも歴史的なつながりを感じた。当時のザンビアの平均国民年収は、銅の輸出により、日本のそれより高かったのである。また、印象に残っていることは、入場式には白人が、閉会式には黒人が新しい国旗を持っていたことである。この旗手を務めた白人の方にザンビアでお会いする機会があった。彼は、レスリングの選手で来日したという。80年代後半にお会いした時には、ザンビアで大きな農場を経営していた。

大統領の市民権カレッジでのボランティアコース

ザンビアでの2年間に、コンゴ民主共和国（前ザイール共和国）国境に近いンドラ市にある獣医局における防疫・臨床などの仕事のほかに、日本人だけではなく他の国からきたボランティアの人々やザンビア人との交流をとおして、ザンビアという極貧だけれども、温和で笑顔の素晴らしい国民性について学ぶことができた。とくに印象が深い経験としては、赴任して半年後に、先輩隊員と2人で参加したボランティアコースである。政府主催のコースで、外国人ボランティアを対象に実施されていた。外国人にザンビアを正しく理解していただくことが目的だったと思う。「大統領の市民権カレッジ」という政府の研修所で開催された2週間のコースには、ザンビアの歴史、文化民族学、経済の講義の他に、農場や鉱山を訪問する見学コースも含まれていた。私はムフリラという街にある鉱山の地下道を地下810m地点まで下りてみて、炭鉱夫の過酷な仕事のことを考えることができた。

また、当時の日記を読み返してみると、この鉱山会社で出されたフルコースの贅沢なランチ、とくに、デザートとして出されたチョコレート・エクレアに感激している。いかに貧しい食生活を送っていたのか記憶が蘇ってきた。鉱山会社は海外へ銅を売る代わりに、ザンビアでは入手できない薬なども購入していたようで、時々、犬の治療のために人用のリンゲル液を分けてもらったこともあった。オランダ、ドイツ、ノルウェーやデンマーク人のボランティア12名と一緒に勉強できる機会はこれが最初で最後でもあった。最終日には、文部大臣より修了証の授与があった。この研修所には宿泊施設もあり、ビールを飲み、ピンポンやダートもやり、よく議論もした。この研修コースは、その後の協力隊活動や人生に少なからず影響を与えたと思う。このような機会を与えてくれたザンビア政府に感謝する。

任地のザンビアは乾燥していて湿度が低く、年間を通した気温も15～25℃くらいで大変住みやすいところであった。80年代初めは、南アフリカとの国交が閉鎖されていたので商店や政府経営のスーパーの棚は空っぽであったが、野外の青空マーケットでは野菜もくだものも豊富で健康的な生活をおくることができた。事前に聞いていた任務以外の仕事としては、獣医師も助手もいない隣町のルアンシャ町で週1回午前中だけの診療を自主的に提案したところ、政府の了解を得て実施することができた。

獣医師隊員で自主学習会を立ち上げる

隊員が集まって、なにか一緒に仕事をするという機会は少なかった。しかし、当時、日本人獣医師隊員がザンビア国全土に5名も派遣されていたので、全員で協力すればザンビア国のためになにか研究活動もできるのではと意見が一致した。今でもよく覚えているが、全国で家畜になにがおこっているのか情報交換も含めて、獣医師隊員だけで半年に1回定期的な会合をもって勉強会を行うことになった。国立自然公園内で会合を持ったこともあり、カバがたくさんいる川のそばでの宿泊は迫力もあり、野生動物をしっかり観察することができた。その後、この学習会が発展拡大し、全国レベルで牛のブルセラ病調査を始めたり、協力隊チーム派遣という形式でプロジェクト活動も行われたということであった。この5名の獣医師隊員のひとりであったIさんとは、彼が獣医師雑誌に宮崎の口蹄疫発生について記事を投稿したことがきっかけで、30年ぶりに再会する機会があった。

国連FAO職員としてケニアで働く

2年間ザンビアで政府の獣医師として働いた後、アメリカの大学院（修士）で獣医疫学を学び、外務省のアソシエート・エキスパート（若手の日本人への国連への門戸を開く制度）という制度を使い、国連FAO（食糧農業機構）の職員となった。協力隊員時代にタンザニアのザンジバルに行ったとき、国連のＷＨＯ（世界保健機構）に勤める日本人の専門家に偶然出会ったことがきっかけで、次は国連の職員としてアフリカで働きたいと考えていたからだ。

ケニアの首都ナイロビ市にアフリカ統一機構という組織の家畜部門があり、ここに（私が従事した）ＦＡＯの家畜防疫プロジェクトの本部が設置されていた。1カ月間の派遣前研修をＦＡＯの本部があるローマで受けた後、「牛疫」のアフリカ大陸からの撲滅を目的とした国際プロジェクトに獣医疫学者としてケニアに赴任したのが１９８７年4月であった。牛疫は、牛の病気のなかでも一番恐れられていて、１７６１年フランス国のリヨン市に世界に最初にできた獣医大学は、この病気をコントロールするために作られたほどだ。そして、19世紀末に牛疫がヨーロッパからアフリカに初めて広まった時には、アフリカにいる9割の牛と偶蹄目の野生動物の大部分が死んでしまうという大惨事となる。

ＦＡＯプロジェクトだけが単独に動いていたわけではなく、欧州共同体（ＥＵ）やアフリカ統一機構など、複数の国際機関が協力し、「牛疫の撲滅」をめざしていた。皆、同じフロアに部屋を持ち、「10時のコーヒー」という合言葉で、事務室で仕事をしている関係者は近くにあるコーヒーショップに集まって近況を報告し合う。会議というものではなく、自分の意見やアイデアを自由に伝えるのが目的であり、私のような若造にも発言の機会が与えられた。アフリカ34カ国が対象なので、出張のため留守になる人々も多い。よって、「10時のコーヒー」は非公式だが重要なコミュニケーションの場の役割を担っていた。

私の最初のボスは、著名なウイルス学の権威でもある英国人獣医師であったが、彼は半年後、FAOからEUに移ったので（といっても牛疫撲滅に従事、同じ建物内に事務室があった）、一時期、私ひとりとなった時期もあった。1年くらいして、2番目のボスがやってきたが彼も英国人獣医師で、ケンブリッジ大学の卒業生であった。学生時代にオックスフォード大学の探検部と協力してサハラ砂漠横断をやったとか、私には映画の世界のようなお話であった。彼は、野外での調査に必須となるキャンピング方法や野鳥についても詳しく、野生動物や自然環境に興味を持つきっかけを作ってくれた。最終的には、若手は私だけではなく、アメリカ農業省に所属する獣医師とベルギーからもひとり派遣された。チームリーダー、3名の若手獣医師、診断ラボの技官、秘書、運転手という7名がFAOチームを構成していたことになる。

サファリで学んだ野生動物と家畜の関係

牛疫は野生動物にも感染するので、野生動物を専門とする獣医師がタンザニアとカメルーンに配置されていた。どちらも若手の白人獣医師であった。おもに、アフリカ水牛を捕獲し血液を採取することが彼らの仕事であった。牛はワクチン接種されているので、抗体を調べてもそれが野外の牛疫ウイルス株なのかどうか区別できない。そこで、野生動物を調べることで、牛疫ウイルスがどこに存在するのかを推定していた。私自身も仕事で10数カ国を訪問する機会はあったが、首都にある政府事務所を訪問し打ち合わせをするのがおもな仕事であった。もちろん、時々、フィールドへ出かけて、地域特有の牛の飼育方法を見る機会もあった。一方、本格的なサファリ（自然公園での動物観察）はケニア国内で満喫できた。ナイロビ自然動物公園は、市内から20分くらいで行ける手軽な公園であったが、サファリも十分楽しめる場所である。北はサンブルから南はツアボまで、週末や長期休暇を十分活用し、計画的にケニアの主要な自然公園をくまなく訪問することができた。ケニア山やキリマンジェロ山にも日本人の友人たちと登った。また、ケニア政府の職員らとマサイマラなどの国立公園内外での調査、タンザニアでも同様の調査をセレンゲティ自然公園内外で行えたことは運がよかった。

ところで、家畜を飼育するマサイ族などの人々にとって野生動物との共生は大きな課題である。ライオンに家畜が食べられることもあるが、多くの死亡原因は病気である。私の友人がこのような点に注目し、野生動物との共生が家畜の生産性を高めるという仮説に基づき、研究を行っていた。この調査場所が次に述べるロルダイガ研究所である。

ロルダイガ研究所

ケニアの首都ナイロビから北北東へ、地図上の直線距離では150km離れた赤道直下に、アフリカ第2の高峰、ケニア山（5199m）がそびえたつ。約200km²の土地を持つロルダイガ牧場は、そのケニア山の北西部にあり、ライキピア県内に位置する。ロルダイガ牧場を知ったのは、豹の生態研究を行っていた友人が調査地としてこの農場を選んだからであった。彼女とは1987年ナイロビで初めて会い、1988年に現地に同行したことが縁で共同研究者となり、さまざまな活動を展開してきた。また、1992年にライキピア県内の大農場主たちが集まり、県内のエコシステム（生態系）を保全する目的で、自然保護活動団体「ライキピア野生動物フォーラム」が設立された。土地の切り売りをしないなど、1農場だけでは実現できない広範囲の統合的生態保全活動に地域の住民たちと共同で取り組んできた。ロルダイガ牧場もこのフォーラムに参加しているが、自らも自然保護や村落開発を進めたいという強い意思を持っていた。そこで、農場内にロルダイガ研究所を2004年に設立した。創立目的は、野生動物、家畜、人間の3者間の共存を実現することとされている。具体的には、⑴環境配慮型村落開発、人の健康と家畜衛生の啓蒙普及、⑵村落参加型社会経済学、生態学、熱帯畜産、および農業と「人間の安全保障」研究の実施・体験・見学、⑶学生および地元民との交換体験学習、⑷乾燥地域の自然保護と牧畜、アフリカ自然浴を通じて心を癒すエコツーリズムの実施などである。しかしながら、残念なことに、私的な理由から数年前に研究所は閉じられ、現在は上記のような活動は行われていない。

アフリカで病気になるということ

赴任した直後、すでにナイロビに来ていた英国人コンサルタントの方とデータベースの構築に関する仕事が待っていたが、赴任のストレスと過労で数日間寝込んだことがあった。その後は病気で寝込んだということはなかったが、2年目くらいにA型肝炎にかかり、黄疸が消えるまでの2カ月間床についていた。これはドクター命令でもあった。当時はA型肝炎用のワクチンもなく、西アフリカへの出張が重なり、体が疲労していたこともあり、食べ物や水を介して感染したと思われる。A型肝炎の治療法として有効なものは、横になって肝臓への血流を増やし、刺激の少ない栄養価の高い食品を食べることである。養生が一番なのである。最初の数日は、ナイロビで一番設備が整っている外国人用の民間病院に入院していたが、看護婦さんの扱いがひどくて、すぐに家に戻ることにした。たとえば、朝5時くらいにたたき起こされ、シャワーを浴びろという。肝臓がぼろぼろの病人への対応ではないと思ったからだ。しかし、一人暮らしの私にとって、食事の準備が一番の問題であった。白人の年老いたドクターからも、自宅で療養するのもよいが、横になって寝ていないと助からないと脅かされて、名案が浮かんだ。昼食弁当を近くの日本食レストランに作ってもらい、メイドさんに運んでもらうことである。レストランの持ち主（日本人）は親切な方で、病気が治ってから払ってくださいということで、2カ月間、つけのままお弁当を毎日作っていただき、健康になることができた。さらに、週末になると友人たちが、ご飯を持って訪問してくれた。この時ほど友人の大切さに感謝したことはなかった。エチオピア出張中、下痢などの病気にはよくなったが、大病はこのA型肝炎だけであった。その後、ザンビアで1回だけマラリアにかかったことがあるが、この時も日本人の方々にお世話になった。

強盗にも出会った

ナイロビの家で寝ていた深夜に泥棒が入り、パスポート、現金、ラジカセなどを盗まれたことがある。運がいいことに私は熟睡しており、朝になるまで気づかなかった。よってこの時は泥棒を見ていない。しかし、2012年にエチオピアへJICA専門家として遊牧民のプロジェクト現場を訪問する時、ライフル銃により車を止められて、所持品を持って行かれたことがあった。この時が初めての強盗団（4名）との遭遇である。彼らはプロではなく、周辺で家畜の世話をしている遊牧民であろうということであった。一瞬、頭は真っ白になったが、「生きている、私は生きている！」ということを痛烈に感じることができた体験であった。実は、強盗団ではないが、スイスでも二人組のスリにカバンを盗まれているので、パスポートは3回盗難にあったということになる。

私は、ＦＡＯプロジェクトで約4年働いた後、カナダの獣医大学の博士課程へ進学し学位を取得した。そのうち1年間はナイロビ大学獣医学部の大学院生としてケニアにもどり、フィールドで血液サンプルやデータの収集に努めた。博士課程のカナダ人主指導教員のM先生がナイロビ大学獣医学部で獣医疫学修士コースプロジェクトを開始することに伴い、ケニアでのデータ収集となった。実のところ、ケニアでデータ収集をしたかったので、M先生を指導教員に選んだというのが、本音ではある。

余分な情報ではあるが、牛疫の撲滅宣言が２０１１年6月になされた。私が関わったＦＡＯのプロジェクトも含めて、１９５０年代から多くの牛疫プロジェクトに資金が投入されたが、ついに、家畜の病気としては世界で最初に牛疫が撲滅されたのである。２０１２年12月、アフリカ統一機構が「アフリカのサクセスストーリー」と題した牛疫撲滅プロジェクトに関する本を発刊した。この本に1枚の集合写真がある。私もチームメンバーのひとりとして写っているし、名前も記されていた。

カナダの大学で博士課程を修了したのが、１９９４年の11月で、博士号を授与されたのが正確には１９９５年の2月となる。日本に戻って獣医疫学を教えたいという希望はあったが、当時、国内で疫学はまったく知られていなかったし、大学には講座も、ポストもなかった。そこで、どうしようかと思案していたところ、北海道大学関係者から、これからお話するザンビア大学獣医教育プロジェクトで働かないかとお誘いがあった。

ザンビア大学獣医教育プロジェクト

中等農業教育分野ではないが、教育という仕組みの重要性を学び、教育プロジェクトの長期的な取り組みを体験できたのが、JICAのザンビア大学獣医教育プロジェクトであった。まず、1983年から無償資金協力により首都のルサカにあるザンビア大学内に獣医学部を建設し、主要資機材の供与も行われ、技術協力プロジェクト(フェーズ1と2)が1985年から1997年までの12年あまりにわたって継続された。

1983年は青年海外協力隊員として任期を終了し帰国した年でもあるが、このプロジェクトが始まるということは帰国後知った。しかしながら、私が再びザンビアで、しかもこの獣医教育プロジェクトに関わることなど夢にも思っていなかった。私は獣医疫学分野のJICA専門家として4年間(1995~1999年、そのうち、後半の2年間は個別派遣専門家)ザンビア大学獣医学部に勤務することになった。私がプロジェクトの専門家としてプロジェクトチームに参加した時はフェーズ2で、リーダー不在が長く続いた後の体制立て直しの時期である。1年以上プロジェクトに勤務する長期の専門家は、リーダー、調整員も含めると7～8名、それから3カ月間という1年未満の契約で仕事をする短期の専門家も年間5～6人派遣される時期もあり、大所帯であった。

私の最初の仕事は、卒業生が現場でどのような活躍をしているのかを調査することであった。ザンビア全土に散らばっている卒業生の職場（政府出先機関、地域の獣医事務所）を訪問しながら、次の技術協力プロジェクトのフィールドを見つけるためにも畜産開発の可能性が高い地域に関する情報も収集し始めた。卒業生たちは設備がないとか多くの問題を抱えていたが、比較的気軽に野外に出て家畜の診療などの仕事をしていたと思う。しかし、このまま数年ほって置かれていたら、やる気をなくしてしまうかもしれないという懸念はあった。しかし運のよいことに、２００５年から3年間「家畜衛生・生産技術普及向上計画プロジェクト」が実施された。これは地方で勤務する獣医師、獣医スタッフへの再教育と農民への恩恵をめざしたプロジェクトで、農業組合省とザンビア大学の両方を実施機関としたということであった。

人づくり協力の優秀事例

このプロジェクトは、アフリカにおける「人づくり協力」事例として高く評価されている。

最近、いくつかの報告書が出版されたが、「ザンビア人による学校運営、ザンビア人による獣医学教育」が実現できるように、他の国際協力関係機関と協力しながら、教員育成、大学運営のための組織体制整備を行ったと評価されている。

プロジェクト開始当時は、獣医教育が行える人材がいなかったため、技術移転というより日本人専門家とザンビア大学に雇用された外国人が講師として講義を行い、ザンビア人教員育成に努めたという。ザンビア側の人材が育ってくると、研究活動の推進も支援し、獣医学部の自立発展性を促進できるような活動を増やしていった。現在、学部長をはじめ、教員のほとんどがザンビア大学獣医学部の卒業生である。国内唯一の獣医師養成機関として、政府獣医局や研究所で働く公務員や開業獣医師を輩出している。さらに、隣国ジンバブエが政情不安定なため、ジンバブエ大学獣医学部が以前行っていたナミビアやマラウイなどからの留学生も受け入れるなど、南部アフリカ地域における獣医学教育に大いに貢献することが期待されている。

プロジェクト終了後の専門家としての2年

このプロジェクト終了後、私は専門家として、さらに2年間ザンビア大学に留まることになった。大学でのフィールドにおける疫学研究活動の振興や貧困緩和につながる持続的農畜産開発プロジェクトの提案がおもな目的であった。具体的には、畜産が盛んな南部州のモンゼ県に焦点をあて、さまざまな調査を行った。たとえば、１９９７年12月から質問表を使った調査をナイロビ大学獣医学部のK先生と始めていたが、彼の任期が2カ月間だったのでほとんどの部分は私ひとりで行った。このように、日本人以外でもＪＩＣＡ専門家として雇用することが可能である。そんななか、この次の第2章に登場するナカサングエ農民クラブの人々と出会った。かれらと始めた「家畜衛生プロジェクト」に大学教員を巻き込もうと努力したのだが、積極的に現場に行ってくれる人はいなかった。畜産業に貢献できる研究プロジェクトの重要性を理解していただくために、農家の人々に大学に来ていただいたりもしたが、この活動は継続できなかった。一方、日本人研究者で牛の血液採取など野外の調査を行う方々にナカサングエの農民を紹介したところ、よい協力関係が生まれたということであった。

モンゼ県に住むトンガ族の世帯調査

牛を少なくとも1頭飼育する小規模農家を対象に、畜産、家畜衛生、社会経済学的な情報を把握すべく、質問票を使った調査を8地域、１２５戸で行った。モンゼ県の北部はカフエ平原という湿地帯であり、トンガ族を中心とする地域住民が季節放牧に利用し、伝統的牛飼育が盛んに行われている。トンガ族の平均像について記述する。世帯主は55歳の男性であり、6年の初等教育は終了していた。牛の飼育頭数は24頭で、その内訳は、雌牛が一番多く（48％）、次に去勢牛（18％）、子牛（18％）、未経産牛（14％）と種牛（3％）の順である。2割の農民は乾季にはカフエ平地へ牛を放牧に連れて行き、7割の農家でダニをコントロールするための薬浴を行っていた。ダニが媒介するコリドー病（タイレリア病）が牛の死亡率（32％）の主要な原因と考えられていた。牛以外には、山羊、豚、鶏、ホロホロチョウ、アヒルなどを飼育していた。

また、ほとんどの農家で、主食となるトウモロコシや落花生、サツマイモを作っていて、農耕地の平均面積は18 haであった。男性は牛を使って耕作などを行うが、女性が作物生産の主要な労働力である。3割の農家がトウモロコシ栽培のために化学肥料を購入していた。作物などの販売で年間30万クワチャ（ザンビアの通貨単位）、家畜販売で70万クワチャの収入があった。調査当時の成牛の値段は、1頭約10万クワチャである。

生活必需品購入に使われる総支出額は、約56万クワチャで、教育費が高い比率を占め（30％）、次いでトウモロコシの種の購入（16％）、衣料代（16％）、石鹸（12％）と洗剤（11％）の順となっていた。2割の農家で、雑草取りや収穫の手伝いとして季節労働者を雇っていた。最高6人、平均2人の妻を持つなど、一夫多妻制がトンガ族の慣習となっていて、

1戸には、18歳以上の大人7人、18歳未満の子供9人が住む。世帯主が死ぬと、息子や兄弟へ家や牛などの財産が相続されるため、調査地域には女性の世帯主はいなかった。

1998年5月にJICAへ提出された報告書を読み返してみると、大学の閉鎖が1997年3月から11月までの9カ月間続いたと記載されていた。その影響で医学部に欠員が生じ、獣医学部の2～4年生11名が医学部に移籍したという事件があった。これは獣医学部側の教員としては衝撃的であったが、当時、獣医師にはあまり条件のよい職場がなかったからかもしれない。また、医師のほうが収入がよいということも考えれば仕方のないことだったのであろう。1997年10月にはクーデター未遂事件があったが、治安がとくに悪化したとは思えなかった。1年遅れの卒業式は7月25日に開催されたということであった。

第2章　農民の立場にたつ

前述したように、80年代初期から90年代後半までの約20年間、アフリカ大陸で獣医師として仕事をしてきた。この経験から学んだことを一言でいえば、疾病を予防し家畜を治療することだけが獣医の仕事ではなく、家畜を飼っているヒトを知ることも大切であるということである。私が日本の大学で獣医学を学んでいた70年代には、ヒトつまり畜産農家やペットの飼い主を知り、十分なコミュニケーションをとることの重要性など、大学の先生は誰も気づいていなかったと思う。だから、授業中にもそんな話を聞いたこともなかった。獣医師として必要な技術と知識を得る場所が大学であり、コミュニケーションは就職してから自然に学べることだと考えられていたからかもしれない。

カナダの大学院で勉強していた時に、「サイロにペンキがきれいに塗られている酪農家には牛の病気が少ない」と、ある教授が話したことがあった。酪農家の性格などが牛の病気の発生にも関係があるということを伝えたかったのだと思うが、当時は何を意味しているのかはっきりと理解できなかった。2、3軒の農家でたまたま観察したことで、単なる偶然なのかもしれない。この教授は統計学の専門家でもあるので、彼の発言は、自然界で起こる事象を十分観察し、ある程度の数のデータを分析した結果であることは間違いない。これまで自分が知っている方法だけではなく、多様な、複眼的な目で観察することの大切さを教えてくれるきっかけとなった。

もし、農民の立場になってモノが見え、問題が理解できたとしたら、農民にとって家畜の病気は、毎日起こる、さまざまな問題のひとつにすぎないということが、すぐわかるはずだ。アフリカなどの途上国では、小学校の制服が買えないので子供が学校に行けないとか、その日に食べるものもないという最悪の時も過ごしている。そんな時、牛の病気のために、治療費を工面するなどの余裕はないだろうということもわかるはずである。しかし、90年代後半に、ザンビアでナカサングエ農民クラブと出会うまで、私は農民の立場からモノが見えなかったのである。

ナカサングエ農民クラブ

前述したように、ザンビア大学獣医学部でＪＩＣＡ専門家として働く機会が与えられた。大学での業務のひとつとして教員の研究能力の向上があり、若手教員らと協力して行える研究調査対象地域を、牛飼育頭数が多く、牛の売り買いも盛んな南部州モンゼ県と決めた。この地域を調査中、ナカサングエ農民クラブという農民グループに出会った。彼らは世界銀行の支援で牛の薬浴槽（ダニ熱などの牛の病気を媒介するダニを体表から落とすための薬浴）を建設したまではよかったのだが、薬浴槽に入れる薬を購入する資金を持っていなかったのである。この資金をどのように作り出せばよいのか、私に助言を求めてきたのであった。家畜衛生に関する技術的な指導など、私にも協力できることがたくさんあったので、一緒に仕事をすることになった。

ナカサングエ農民クラブには、村の酋長の息子で、高校も卒業し、立派な英語も話すムウェンダさんという若手のリーダーがいた。このリーダーのもと、国際援助機関より資金を得るなど、団体としての活動もしていた。偶然、調査で通りがかった私にも、かれらと一緒に仕事をする機会が与えられ、農民主体の普及活動は持続的であり、村落開発にもつながるという実体験をすることができた。そして、クラブのメンバーと一緒にいろいろ考えた結果、日本大使館が現地のNGOを支援するために提供している草の根無償（正式な名称は草の根・人間の安全保障無償資金協力）を利用しようということになった。私は、かれらの仲介役として、首都のルサカにある日本大使館と農民との連絡役を演じることになった。

大使館の草の根無償援助

開発途上国にある日本大使館には「草の根無償」という援助プログラムがあり、正式に政府に登録されたNGOであればだれでも申請ができ、地域発展に貢献できる学校などの建物（ガソリン代金や給与などは対象とならない、ハードウェアだけ）を作るための資金を受けることができる。最高金額は800万円くらいではあるが、開発途上国のNGOが申請書を日本大使館に提出し審査され受理されれば、住民にとってはかなり高額な支援が受けられるわけである。かれらの願いはこの薬浴槽を使った「家畜疾病」予防であり、「ナカサングエ家畜衛生プロジェクト」として計画を練り、申請書を提出したところ、日本大使館より約300万円の草の根無償資金を受けることになった。このようなナカサングエ農民クラブとの共同活動により、農民が主体的に動いて、村が豊かになっていく過程を外部者として数年間、観察・体験することができた。

ムウェンダさんという若手のリーダーは、リーダーとしての人望もあったが、銀行口座の管理もきちんとできる人だった。途中で、大工さんが屋根から落ちて怪我をしたり、井戸掘り会社が倒産し新しい会社を見つけるまでに時間がかかるなど、幾多の問題が発生したようだった。しかし、プロジェクト予算を計画どおりに使用し、大使館に報告する義務をきちんと果たしてくれたことはうれしかった。そして、プロジェクトが動き出す前に、私は帰国することになった。後日わかったことではあるが、かれには右腕となる政府の農業普及員が近くにいたので、ナカサングエ農民クラブが国策である地域農業開発戦略の出先機関となったり、国際NGOとの連携もすすめることができたのである。十勝の士幌の3人のリーダーのように、ムウェンダさんと普及員のふたりは、適切な教育を受け、読み書きもできるだけではなく、ナカサングエ村を住みよい村にするためのビジョンを持っていたのだと思う。

家畜衛生プロジェクト

プロジェクトでは、資金を活用し、トウモロコシ粉砕機とこれを保管する屋根・泥棒除け鉄柵付の建物、事務所、教室、椅子、机、トイレ、井戸、家畜用飲料水槽、太陽電池で動く冷蔵庫（ワクチンや薬の保管）を構築・購入した。主食であるトウモロコシの粉砕機は村の周辺にないので、一定料金を支払えば誰でも使えるというサービス業を始めたところ、約20km四方の住民が利用してくれた。この収入を薬浴用の薬品の購入、粉砕機の修理、ワクチンと薬の購入にあて、残りは銀行口座に貯金した。薬浴槽も使えるようになり、粉砕機サービスと同じように有料としたところ、周辺30km四方では唯一の薬浴槽であるので利用者が多く、この事業も貴重な資金源となった。教室やトイレも大いに利用されている。たとえば、今までは野外で実施していた会合が室内で開催でき、天候にも左右されずに使え、国際NGOが実施する普及教育の学校としての機能も果たしている。

農民が気づいたことは、まず薬浴槽が使えるので家畜がダニ媒介病で死ななくなったこと、家畜の栄養状態がよくなり頭数が増えるので、その分を市場で売り、欲しいものが購入できるようになったこと、牛乳も多く出るようになり子供たちに十分与えられるので健康になったとのことであった。また、女性が従来のように10㎞も歩いてトウモロコシの粉砕所まで行かなくてよくなり、女性からも感謝されていることを強調していた。さらに、家畜だけでなく人々も井戸の水を利用しているので、水媒介の疾病にかかる人の数が減ったし、水飢饉時の水資源としての価値も大きかったという。そして、この農民クラブのリーダーであるムウェンダさんが一番素晴らしいと思うことは、政府や他の人々に頼らず経済的に自立できたことで、地域開発が持続的に行えるようになったということであった。これはまさに農民が主体的に動いた結果である。

主体性を育むとは

当時、私は農民主体という言葉を知らなかったが、それが農村開発には有効であるということを、１９９９年、長いアフリカ生活に終止符をうち、日本に戻ってから初めて知ることになる。また、ザンビア大学で働いていた当時の私は、村を定期的に訪問し村人の話を聴く、励ますという応援団的な役割を無意識に担当していたのである。これが農村開発には有効であるということも日本に帰国してから知った。

1997年に現地調査を始めてから現在まで、ナカサングエの人々の様子を見守っている。ザンビアに出張する機会を利用し現場を訪問し、農民と話をし、問題があれば問題解決につながるような現地の人々とのネットワークをつなげるなどの手助けをしてきた。一方、村人には、ザンビア国内で開催するワークショップの講師をお願いしたり、牛の血液サンプルを採取させていただいたりと、どちらかと言うと私のほうが村人に助けられていることのほうが多い。彼らの、生活改善に向けて努力する姿を見ていると励まされることのほうが多く、20数年ではあるが、アフリカで畜産獣医関連の仕事に従事してこられてよかったと感無量になる。

参加型手法とそのツール

農村開発において農民の主体性を育む方法として、参加型ツールがよく使われている。参加型ツールとは、村にある河や草地などの資源を図化するマッピング（図1）や、季節によって変化する降雨量や家畜の病気の発生をカレンダーに描く季節カレンダー（表1）など、住民が知っている、あるいは持っている情報を収集するために使う道具である。しかし、それはただ単に情報を集めるだけのツールではなく、農民に自らが持っている資源などの重要

図1　マッピングの例（ザンビア国ブリモ村の生物資源マップ）

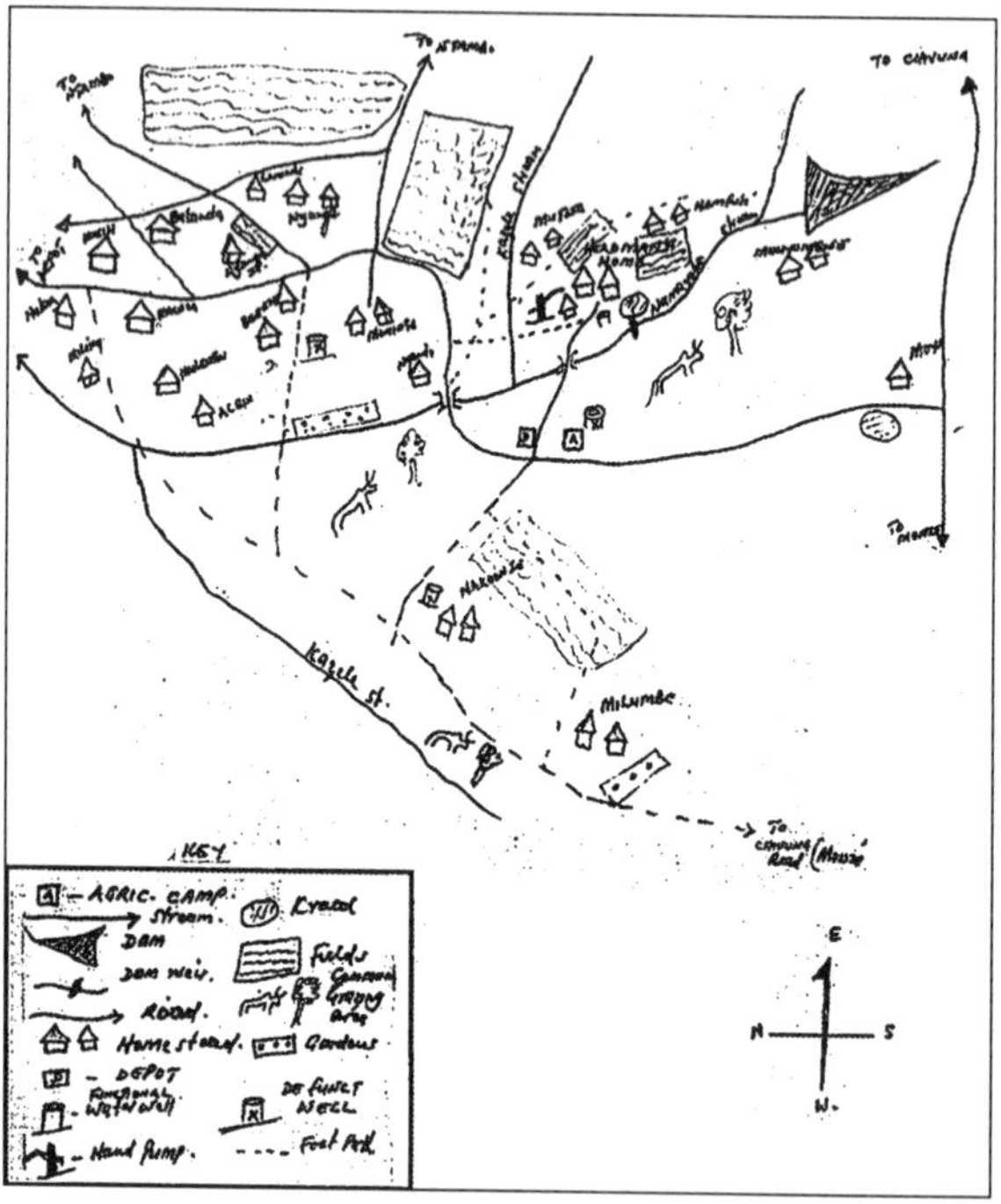

性に気づかせ、村がかかえている問題の分析にも活かすことができる。そして、これらのツールをいくつか組み合わせたものがシステムであり参加型手法と呼ばれている。参加型手法と参加型ツールが同じ意味を持った用語として使われることも多い。

　1980年代初めに情報収集方法として使われ始めた頃はRRA（Rapid Rural Appraisal：迅速農村分析方法）と呼ばれ

表1　季節カレンダー
（アフリカのベナン国のフラニ族を対象とした調査例）

	10月～11月	12月～4月	5月～6月	7月～9月
降雨量	0	0	●●●● ●●●	●●●●●● ●●●●●●●
放牧地での草の量	●● ●●	0	●●●● ●●●●	●●●●● ●●●●●
トリパノゾーマ病の発生＊	●●●●● ●●●●●●	●●	●●●	●●● ●●

●により量を表す。＊トリパノゾーマ病は，ツエツエ蠅により感染する牛などの動物や人にもかかる病気で，雨が降り始める季節から発生し始め，雨量の少ない時期に多く発生する。

ていた。しかし、ボトムアップや住民主体のアプローチが注目され始めた80年代後半から90年代にかけては、PLA（Participatory Learning and Action：参加による学習と行動）という参加型アプローチに変化していった。参加型手法とは厳密にいえば、手法だけを意味し、農民の主体的な行動を目的としていない場合もある。一方、参加型アプローチという言葉が意味するところは、地域住民が事業に主体的に参加し、計画を立案し、その計画を実施していくことを目的とし、「参加」するだけでなく、みずから「計画」し実施していくところに、その特徴がある。

ザンビアにおける社会実験

ナカサングエ村での実体験から、参加型ツ

ールを使わなくても、主体的に動いている村人はいるものだということも学んだ。そこで、参加型ツールや手法を使わなくても同じような変化が村に起こるという仮説を試してみることになった。ザンビアを去ってから2年ほど経った2002年に、トヨタ財団に研究費を申請したところ運良く採択された。この社会実験では、一度も外国の援助団体が支援をしたことがないザンビア南部州の4つの村を対象に、参加型手法（村人全員を対象）と教室でのワークショップ（村のリーダー格の方2名だけを対象）の効果を調べた。

ワークショップとは、講義のような一方的な知識伝達ではなく、参加者が自ら参加・体験して共同で何かを学び合ったり創り出したりする学びの方法であり、参加型体験型グループ学習とも呼ばれている。「参加」とは自ら参加して関わっていく主体性を意味し、「体験」とは頭だけでなく身体と心をまるごと総動員して感じていくことであり、「グループ学習」とはお互いの相互作用や多様性のなかで分かち合い刺激し合い、学んでいく双方向の学習の方法である。

この実験では、ワークショップのなかで参加型ツールを使うなど、村のリーダーへの指導は行った。しかし、村のリーダーが参加型ツールを使って村人から意見を聞いたかどうかは不明である。実のところ、このワークショップでは教室内だけの勉強ではなく、前述のナカサングエ村への訪問もプログラムに入れたので、村のリーダーらは成功例を見たことになる。

村に起こった変化

その後、2カ月に1回ほど4つの村を訪問し、6カ月間ほど村の変化を観察した。その結果であるが、参加型手法でもワークショップでも同じような変化が村に起こった。また、3つの村とは違う変化ではあるが、コントロールの村でも変化が起こった。具体的には、3つの村で一番問題と考えていた牛の病気であるダニ熱を予防するために、薬浴槽作りが始まったのである。私たちは資金などの援助は何も約束しなかったが、農民が自らレンガを焼き、土地を掘り、薬浴槽の基礎を作ってしまったのであった。コントロールの村では、古くなった学校の修理をするという活動が始まっていた。

つまり、方法の違いではなく、外部の人間が話を聴きに行くことだけで、村のやる気が高まったことは間違いないと考えられる。通常、村は地理的に区画され政府の方針で作られるものである。しかし、ザンビアは少し変わった国で、お友達同士でも村が作れる。研究対象となった村のひとつは、20数名も奥さんがいる男性が一家族で作ったものであった。研究対象地域には、このような「仲良し」村があり、この特徴が結果に影響していたかもしれない。しかし、たった1例であるので断定的なことはいえないが、参加型手法を使わなくても外部からの励ましにより村人は主体的に動けるようになるということがわかった。

参加型手法だけが答えではない

リーダーを刺激するか、村全体の意識を高めることが、農村開発には有効であることは間違いない。また、その方法は参加型手法だけではないということも、ここで強調したい。実際、私は1999年に帰国するまで参加型手法を知らなかったので、ザンビアでは使っていなかった。何をしたかというと、2週間に一度くらいの頻度で定期的に村を訪問し、ナカサングエの農民の質問に真面目に答えていただけである。

また、ひとつの村に1週間ほど滞在し、ツールを使い情報収集する参加型手法などという面倒でお金と時間のかかるシステムを駆使しなくても、地元によいリーダーがいれば、村人には主体性が宿るということも学んだ。ナカサングエ農民クラブとの共働作業において、当時の私の役割は村のリーダーを助けるファシリテーター（物事がうまく進むように介助する人）であった。よいリーダーが不在の場合は、私たちのような外部者が必要であり、参加型手法の応用には効果がある。しかしながら、参加型手法の実践が主体性の育成に常につながるというわけではないということも知っておくべきであろう。

国際協力分野の研究

名古屋大学に1999年6月より奉職することになり、ザンビアを去り帰国した。名古屋大学では、農学国際教育協力研究センターという部門に所属し、農学分野における国際協力を研究対象とすることになった。名古屋大学には獣医学科（学部）はなかったので、農学部という獣医の世界とはまったく違う新しい世界にて、新しい分野の研究に取り組んだ。センターのビジョンは「農学領域の国際的問題を実践的に解決する人づくり協力を行う」ことであり、ザンビアで取り組んでいた研究目的とも類似していたので、大いに共感できた。そこで、赴任以来、「人づくり農業教育」「貧困緩和」「参加型農業研究」を3つのキーワードとして、国際協力分野における学際的研究を行った。

研究対象地域もアフリカ地域だけではなく世界中に広がり、研究分野も獣医分野に限らず、畜産、水産、林業も含めた生物資源全般を対象とし、かつ、農業教育・普及にも関わった。たとえば、南米では、前述のＪＩＣＡの依頼による、パラグアイの中等農業教育のカリキュラムの見直し作業をとおして、中等農業教育が農村開発に与える重要性や南米の農業事情を知ることができた。同じく、ＪＩＣＡによる高等農業教育分野では、アフリカにあるナミビア国の、新設されたばかりのナミビア大学農学部の強化支援計画プロジェクトに参画し、現地スタッフと協力しながら、プロジェクト計画立案のための調整役を担った。

アジアでは、ネパールのＪＩＣＡ農林水産業分野の4つの技術協力プロジェクトの外部評価を、名古屋大学の国際開発研究科や生命農学研究科と合同で実施した。また、参加型農業研究を普及活動に取り入れているフィリピン・レイテ州立大学（新種のイモ類普及活動）と中国・中国農業大学（稲やキャッサバの生産の普及）とは、研究者の交流や現地調査などをとおして、参加型農業研究が普及活動へ与える効果について事例研究を行った。

環境分野では、名古屋大学の環境学研究科の地質学者らとともに、ケニアにおける土壌浸食の原因をさぐる研究プロジェクトに取り組んだ。地表で行われている人間のさまざまな活動、とくに農業活動が浸食を早めていることはわかっていた。しかし、地質・水質学者との共同研究を通じて、地下水の流れや地質を知ることによって、より効果的な土壌保全が可能となるし、生物資源活用方法の見直しにもつながることを学んだ。

このように、現場の問題解決を持続的に行うためには、さまざまなレベルでの人づくり協力、つまり、農民、普及員、研究者、政府関係者、NGO職員など、すべてのステイクホールダーが十分に意見交換し、互いの立場を理解しながら問題把握に努めることが大切である。

参加型農業研究

参加型農業研究は農業フィールド研究のひとつの手法であるが、農業技術の開発だけではなく、地域開発の手法としても注目されている。従来の圃場実験は試験場内だけで行ってきたが、1980年代初めより営農システム研究が実施されるようになり、研究者が個人の農地を圃場実験と同様の手法で使い始めた。その後、参加型開発の概念が一般化するにつれて、農民による研究ニーズの認識に基づく研究の重要性が指摘され、営農システム研究のプロセスに農民の自主性を重んじる協働参加手法が導入され、営農システム研究は参加型農業研究とも呼ばれるようになった。

最初は自らの農場にて受動的に営農システム研究に協力していた、または、動員されていただけであった農民が、参加の度合いをますにつれ、農民自身の能力が開発され、農民が共同学習者となり、問題解決能力を身につけ、最終的には村落の生活改善に取り組む力を農民自ら開発することになる。このためには、政府関係機関における参加型農業研究を推進するための構造・意識改革や、NGOのように両者の連携を図り、触媒的な役割を果たす組織の存在も重要である。

一般的に、人々が開発の担い手として種々の開発活動に主体的に参画し、かつ、開発の便益を享受することを、開発における参加という。ここでの「参加」は、開発にとって目的および手段としても重要である。具体的には、参加型開発によって開発の対象となるグループ・地域社会が交渉能力を獲得し、その結果、彼らが政策に影響を及ぼし、政府の権限をチェックすることが期待される。そして、自らを変革する力を身につけることが、人間開発、社会開発の実現であることからも目的としての参加が正当化される。一方、行政や企業が中心となって実施する開発では、効率や効果を持続的に高め、コストが削減されることを期待した場合の参加は手段と考えられる。

以上のように、参加型農業研究が対象とする地域は通常、途上国として研究活動が行われてきた。しかし、日本のような先進国においても、住民によるさまざまな地域活性化活動が行われているので、参加型農業研究と同じように開発の目的としての「参加」が重要となる。また、私自身が数年関わっているBSE（牛海綿状脳症）のリスクコミュニケーションに関する研究でも、まさに、「参加」を目的とした消費者の役割を充実させようとしている。もし、参加が手段だけになってしまうと、形式だけのリスクコミュニケーションとなり、双方向の交流は実現せず、いつまでたっても住民は政府との信頼関係が作れない。開発の手段やツールは途上国で生まれ成熟したが、日本にも多くの活用場所や機会がある。

日本でアフリカ体験を活かしたい

協力隊員として発展途上国で生活する体験をした多くの隊員は、帰国後、その体験を活かした活動を日本国内においても行っている。たとえば、前述の中等農業教育JICA専門家としてパラグアイに派遣された泉さん（コラム担当）は、2009年、地元在住の日本人、ブラジル人、フィリピン人の市民有志で任意団体「セスタバジカの会」を設立した（Cesta Básicaは、ポルトガル語で直訳すれば「基礎的なカゴ」であるが、ブラジルでは「日常生活を送るための必需品のセット」を指す）。東京のフードバンクや某輸入食品業者から提供していただいた食料品、および募金で購入した生活必需品を月一度のペースで3年間、生活困窮世帯に配布したという。打ち上げパーティーにて、「この活動によって日本人への見方が変わった」「日本人は冷たいと思っていたけどそうじゃないと思った人もいる」という外国人メンバーの感想を耳にして「これまでやってきて本当に良かった」と心底から思うことができたという。また、「協力隊では大して貢献できなかったけれど、少しぐらい埋め合わせはできたのかな」という感慨を持ったそうだ。

私には、海外での経験を日本で活かすという機会はなかなかやってこなかった。なぜアフリカに行ったのかは今もってその本当の理由がわからないが、とにかく獣医になってアフリカへ行こうという単純な夢を実現したかったことは間違いない。青年海外協力隊という仕組みがあり、ザンビアという国に〝たまたま〟派遣された。この体験は、〝きっかけ〟ではあったけれど、アフリカ滞在は11年間にもおよび、国際協力の実務経験や研究活動だけではなく、アフリカから無形の財産をたくさんいただくことになった。いただいただけで「どうしたらアフリカの経験を日本で活かすことができるのか」、これは常に私の課題であった。

名古屋大学で「人づくり農業教育」や「参加型農業研究」をテーマに研究活動に取り組んだ結果、アフリカで学んだことや観察したことが、日本の農業分野における問題解決に応用できると確信した。そこで、私はある会合で、生産者は知っているが、獣医が知らないことがたくさんあるということを発表した。

生産者しか知らないこと

図2を見ていただきたい。従業員と経営者の、農場の家畜管理における問題点に関する認識関係を図で表わした。図のBとCのように、農場経営・管理についてお互い同じように理解しているつもりが、実際はそうではなく、共通認識が不足しているなどの落とし穴がある。数名の酪農家で共同経営している方や、従業員を雇っている方であれば、この表をみて「なるほど」と納得されるのか、まったく意味がないと無視されるのか、感想を伺いたいもので

図２　ある農場の家畜管理における問題点に関する
経営者と従業員の認識関係

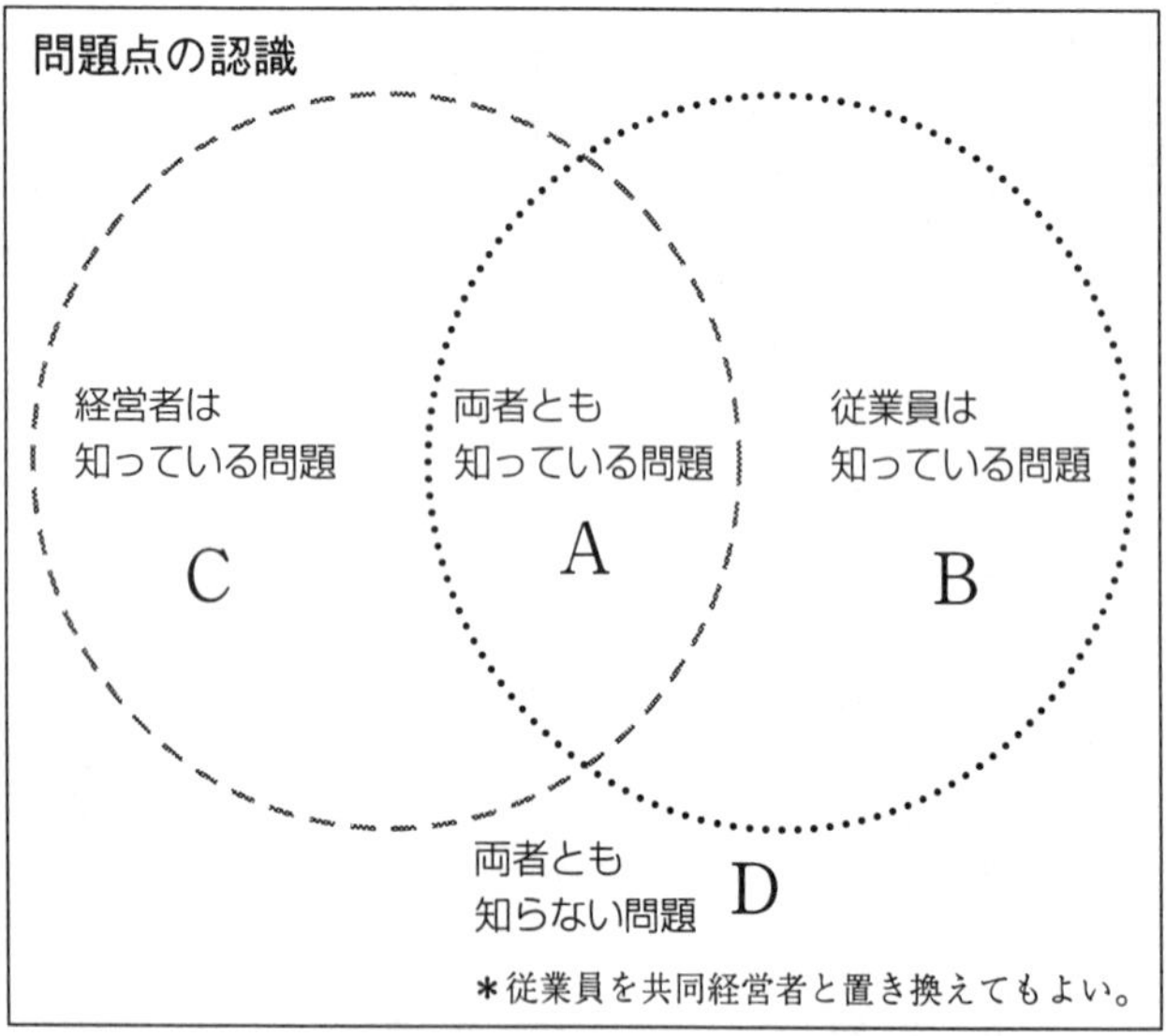

A：両者とも知っているが問題の本質が整理されておらず，そのためにどのように取り組んでいいのかわからない問題点
B：従業員は知っているが，経営者は認識していないその農場の問題点
C：従業員は知らないが，経営者は知っているその農場の問題点
D：従業者も経営者も知らない農場の問題点

ある。

通常、私たちが農場を訪問する時、生産者の方々にさまざまな質問をする。実は、獣医師は獣医師自身が知っていることしか質問できない。生産者の方々は、聞かれたことだけ話すので、余分なことは教えてくれない。教えていただけないこと、つまり、図の

Bの部分について、余分な情報や知識こそが、家畜衛生の実践にとって重要なことである。それでは、どうすれば生産者の方に話していただけるのか、方法を指導しましょうということになり、この実験を千葉家畜共済の獣医師のための研修会で行った。8割の方には「大きな戸惑い」があったようで、第1回目は大失敗に終わった。でも、もの好きもいて、それじゃ、生産者をお招きして、実際にご意見を聞こうという提案があり、2005年くらいから現場でもデータ収集訓練（参加型ツールを学ぶための研修）やワークショップが始まった。思考錯誤しながらも、いくつかの事例が生まれた。

農場どないすんねん研究会の発足

このように、ザンビアでの経験と農業教育分野の研究活動が活かされ、〝農場どないすんねん研究会〟（Nojou Donaisunnen Kenkyukai：NDK）が結成される基盤が作られた。そして、2007年4月15日、農場どないすんねん研究会（NDK：正式名称「全国畜産支援研究会」（会長：帯広畜産大学・門平睦代））が発足した。本会は、獣医師や普及員などの畜産関係者が、生産者を指導するという発想から抜け出し、広く各分野の手法や考え方を取り入れて生産者（関係者自らも含む）の能力を引き出し、生産者の主体的活動による畜産経営の向上を図ることを目的として設立された。

本会は、ビジョンとして「食の安心・安全の実現と畜産物をつくる喜びを生産者とともにわかちあうこと」をうたい、このビジョンを実現するためのミッションとして「生産者主体の生産活動の支援」を掲げている。

従来、農場の生産性向上のために、獣医学的、畜産学的な技術指導が行われてきた。しかし、一方的な指導だけでは改善しない農場も少なからず存在している。本会は、農場の問題を解決するためには、「技術」に加えて「人間」と「仕組み」が必要であると考えている。「仕組み」とは、農場で意欲的に仕事に取り組む人々（夫婦、親子、従業員等）であり、「人間」とは、人々の意欲を高め維持するためのコミュニケーションスキル、啓発手法、問題解決手法、会議手法などである。本会は、この手法などを研究・実践し、生産者のやる気を高めることを目的としている。

具体的には、

1. 生産者を対象としたワークショップの開催
2. 情報発信（事例報告、各種手法の紹介など）
3. 会員の自己研鑽（会員同士の勉強会、外部研修会への参加など）

が活動内容である。

会の特徴のひとつに、同時多発的な活動がある。中央集約的な組織ではなく、各地で上記ミッションに基づいたさまざまな取り組みを実施し、その成果や問題点をメーリングリストや勉強会などを介して検討している。各地にキーパーソンが存在し、ワークショップ、獣医師会新人研修、コーチングなど自発的かつ多彩な活動を展開している。NDKの活動は、千葉家畜共済勤務の堀北さんや大阪の開業獣医の石井さんらが中心となり、多くの方々の尽力により全国レベルで展開されている。現在1000名くらいいるメンバーは、メーリングリストを主なコミュニケーションの場として、情報交換を行っている。

次に、ワークショップと参加型手法を応用した事例を紹介する。

主体性を育む事例紹介

〈ワークショップ〉

ワークショップとは直訳では「仕事場」を意味するが、頭だけではなく、体やこころを使い、参加者が主体的に参加・体験する学びの場である。学会などで使われるワークショップという意味は「研究集会」を意味する場合が多い。しかし、本来のワークショップは、講師が参加者にむかって一方的にお話をするのではなく、参加者がお互いに話し、聴き、啓発しあう学びの場である。

BSEサーベイランスに関するワークショップ

〈疫学研究〉

海外では、ワークショップを活用しながら、コミュニティ主導型公衆衛生研究など、住人の意見や観察記録に重きをおいた健康増進のための疫学研究が実践されている。最初の事例として紹介するのは、BSE（牛海綿状脳症）サーベイランスの評価である。BSEサーベイランスとは、BSEに感染している牛を見つけ出すために行われる調査のことである。サーベイランス結果は、リスク分析を構成する要素であるリスク評価やリスクコミュニケーションとも密接に関係する。よって効果的なサーベイランス方法を実践するためには、消費者だけではなく、生産者や獣医関係者など、すべての関係者間での情報共有が必須となる。

ワークショップは、2008年12月13日、東京にて開催された。参加者は、BSEサーベイランスに直接（食肉衛生検査所と家畜衛生保健所に勤務）、あるいは間接的（牛などの大動物家畜診療）に関わる獣医師14名である。最初に、ワークショップ参加者の4原則（1．楽しんでください、2．たくさん話してください、3．よく聴いてください、4．パスもOK）や聞き方話し方の4つのルール（1．ハッキリと大きな声でできるだけ短く話す、2．わからないことがあったらすぐ質問する、3．人の話は最後まで聴く、4．自分とは違う考え方を尊重する）を説明した。その後、BSEサーベイランス、とくに全頭検査に関する問題点などの意見を収集し、解決策について話し合った。

技術的な内容は省くが、ワークショップの終わりに実施する「ふりかえり」での意見を紹介する。ふりかえりとは、ワークショップに参加した人々が、ワークショップ中にどんなことを感じたのか、意見や感想などを述べていただくことである。

「ここで情報を得られたのはとても良い機会になった」「BSEについて、ここまで人と話したことはなかった」「他人の意見、考えの根拠に耳を傾ける大切さが実感できた」「性差・年齢などさまざまな要因が判断の根底にあることに気づいた」「対話と会話の違いを知ることで、今後うまく話し合いを発展させられる気がした」「職場では上の人間の意見が最終的な意見となることが多いが、他の意見をしっかり聴き、自分の意見をしっかり述べ、納得したうえでまとめていくことが重要」「自分も含めほかの人が周りの意見を聴き、自分の意見を変えていく過程を見るのが楽しかった」。

このワークショップでは、開催前後に参加者に質問票への記入をお願いし、人間関係スキルに関する変化も推定した。6つのスキルが測れる方法を用いたが、そのうち、「攻撃に代わるスキル」は有意に向上していた。具体的な質問項目は「他人を助けることを上手にやれましたか」と「気まずいことがあった相手と上手に和解できますか」であった。つまり、相手のことを受け入れながら自分の意見も主張していくという態度において、ワークショップを体験したことにより参加者の対応が改善された、あるいは、対処方法が少し学べたと推測できる。これは前述の感想からも、参加者が相手を受け入れようと努力した姿勢が伺える。

〈講習会〉

今までの講習会形式とは趣を変え、獣医師が教えるという形はとらなかった。今回は、生産者自らが自発的に農場の問題点を考え、その解決法も自ら考え実行していくということをめざしたワークショップ形式の集まりとした。具体的には、会の初めに『自己紹介ゲーム』として、「自分の牧場で何をしているか&この仕事の好きなところ・嫌いなところ」を言って自分の名前を紹介する。たとえば、Aさんの仕事は、エサづくり・掃除・ときどき糞かき、好きなところは、やればやるほど成果がでる、力仕事は嫌い、とかである。その後、『モーモー常識クイズ』（10問）を自己採点式で行った。お隣と相談することなく、個人で考えて解答していただいた。10問中2問はその場では解説せず、2つのグループになって自分たちで答えの理由を考えてもらった。ゲームだけのワークショップを実施した事例では、知識の伝授を求める意見もあったので、クイズ形式のプチ講習を実施した。たとえば、搾乳用の手袋は滑り止めがないもののほうが良い→○か×か（答えは○）である。

講師側の獣医師の感想としては、「初めて参加させていただいたが、とてもアットホームで楽しめて、非常に参考になった。先生と生徒の関係だと、どうしても一方通行になりやすく、考えていることがわかりにくいが、今回の集まりは友達感覚で話が進んで、色々な意見・考えもバンバン出ておもしろかった。診療で回っている農家さんにも是非是非知ってもらいたい」や「仕事だけでなく家庭のことが、精神的に大きく関与しているのはどの職業でも同じだなぁと思った」などであった。

参加型手法の応用事例

参加型手法とは、海外援助などの場で用いられている当事者の主体性を引き出すための手法である。詳細は前述したが、国内では、すでに環境教育分野や地域おこしなどに応用されていた。畜産・獣医分野では、「農場どないすんねん研究会」が最初に使い始めたと言ってよいだろう。また、現場での工夫やオリジナルのアイデアも生まれて、現在では、伝統的な参加型手法というより、ゲームや漫才など「どないすんねん」色が強く出ている手法が用いられている。

〈酪農経営改善〉

生産者が主体となって牧場の経営改善を図ることを目的として、診療を行う獣医師や普及員など関係機関の担当者らとチームを結成し、参加型手法を用いて牧場の従業員との会合を実施し、その有効性を検討した。Y農場で行った会合なのでチームYと呼ぶことにする。第一回会合にて「農場の問題は何ですか」と問いかけた時、中国人スタッフからは、長い労働時間や良いとはいえない生活環境について不満噴出的発言が多く出た。問題把握のため、このようなときは、常にブレーンストーミング（自由奔放な発言）から始める。始める前に、ブレーンストーミング4原則をみんなに紹介した。

1．できるだけ多くの意見を言う

2. どんな小さな意見もＯＫ
3. 他人の意見への反論はだめ
4. 自由奔放に自己規制せずに発言する

そして、川喜田二郎さんが作り出したＫＪ法（お名前のイニシャルであるＫＪを使い、ＫＪ法と命名される。創造的なアイデアを出すために行うブレーンストーム方法の一種）をつかい、意見をまとめる。ＫＪ法では、まず、みんなの発言をカードに書き、張り出す。発言を記録するポイントは下記のとおりである。

1. 発言のエッセンスを１行で書く
2. １回の発言に異なる事柄が３つあったら、３枚の紙に分けて書く
3. エッセンスは過度に抽象化しすぎない
4. もとの発言の肌触りがわかる柔らかい表現で書く

その後、たくさん出された意見をグループ分けし、タイトルをつける。この場合は、子牛、搾乳、堆肥、牛の扱い方、整理整頓の５つのグループに分けられた。グループにまとめあげるまでがＫＪ法である。そして、５つのグループのうち２つの項目について比較し、どちら

表2　ペアワイズ・ランキング

	子　牛	搾　乳	堆　肥	牛の扱い	整理整頓	得　点
子　牛	−	×	×	×	×	0
搾　乳	○	−	○	×	○	3
堆　肥	○	×	−	×	×	1
牛の扱い	○	○	○	−	○	4
整理整頓	○	×	○	×	−	2

が大切なのか総当たりで比較するペアワイズ・ランキングもよく使う方法である。どちらを先に解決するべきかと挙手をしてもらい、賛成が多いものに丸をつける。丸の数を得点とし、最も多い問題から取り組むことになる。この事例では、牛の扱いが4点であり、一番重要な課題であった（表2）。

なぜ仕事が長くなるのゲーム

ゲームに先立ち、「仕事が長いと思うか、思わないか」と質問したところ、10人が「長い」と答えた。その余分な時間はほとんどの人が1時間と答えた。そこで、「なぜその1時間、仕事が長くなると思いますか」と皆に問いかけ、前述と同じようにブレーンストーミングとKJ法をつかい発言をまとめたところ、5つの問題点が明らかになった。

1. 搾乳群が4つあるため、搾乳に時間がかかる
2. 搾乳部門、掃除部門、給餌部門の連携がうまくいってい

ない

3. 牛の移動に時間がかかる、牛がよく逃げる

4. 受胎率が悪く、足の悪い牛などを更新できない

5. 外的要因（集乳車が来るのが遅いときがあり開始時間が遅れる、機械の修理業者がすぐ来ない）

どうすれば仕事が早く終わるのよゲーム

先のゲームの結果を受けて、「ではどうすれば仕事が早く終わると思いますか」という問いを皆に投げかけ、発言をカードに記録・整理し、問題解決のためのアクションプランを皆に策定してもらうことをねらった。

1. 搾乳頭数を107頭から100頭にする
2. 乳房の病気である乳房炎を減らす
3. 牛の出し入れを上手にする
4. 外の牛を減らす

上記4点は、すべて搾乳時間を短縮することを目的としている。次回は、搾乳を中心とし

た全員の一日の作業動線を皆で確認し、改善点を見いだすということになった。また次回のプチ講習では、乳房炎を減らすことを目的として、搾乳手順や牛の泌乳整理についてのクイズを実施する計画をたてた。社長の「牛の出し入れを上手に」の発言を受けて、次のM獣医師のプチ講習「牛の気持ちクイズ」へとつなげることになった。

関係者のふりかえり

牧場の従業員ではなく、獣医師など関係機関チームのメンバー6名（チームY）から、会合の感想をうかがった。

① Yさんのところへは2年近く診療に通っていたのだが、とにかく働いている人がごちゃごちゃいて、誰がどの仕事を担当しているのか把握できなかった。さらにその部門の責任者というのも誰なのかはっきりせず、飼養管理上の改善点を何かアドバイスしたくても、まず誰に伝えればいいのかわからず、そのことで悶々としているところがずっとあった。今回の参加型手法を使ったミーティングで、そこいらの事情が多少なりともわかったことが収穫だ。われわれ獣医が飼主にどう伝えればいいのか悩む以上に、経営主が従業員にどう伝えればいいのか悩んでいたのだ。今後のこの会の展開が非常に楽しみである。牧場全体をトータルに見ることができることほど、臨床家にとってすばらしい

ことはないと個人的には思っている。そのためにもY牧場がよりよい方向に一歩を踏み出すことにお役に立てるよう努力したい。

②　まず以下の3つのことに驚いた。⑴農林振興センターが詳細にY農場の経営状況、問題点を把握していたこと。⑵診療所も同様の問題認識をしていたが、一切の連携がなかったこと。⑶息子が農場の問題点を詳細かつ明瞭に分析したレポートを書いていたこと（かつ、そのレポートは農振センターの働きかけで書かれたものであること）。ミーティングを実施してみて、中国人研修生の労働時間や生活環境に対する不満が仕事のやる気の低下につながっているように思えた。今回はそれらの問題は除外してランキングを実施した。しかし、労働時間がなぜ長いかについてもっと掘り下げて考えていかなければ、今後提案されるであろうさまざまな改善策の実施も不確かなものになると感じた。

③　第1回の会合後、社長が「中国人研修員たちがあんなふうに思っていたとは知らなかった」と述べていたと伝え聞いたが、この会合が農場内で働く人たちのコミュニケーションのきっかけになっているのではないかと感じる。おそらくヒトは意見交換の「場」さえあれば、コミュニケーションがとれ、問題解決へ向けて動き始めるのだろう。その「場」を農場内に作り出すことがチームYの第1の目的であると思う。この第1の目的はほぼ達成しつつある。この会合が「場」であるが、今後はY農場だけでこのような

「場」（スタッフミーティングと呼ばれるものがこれに該当するのか）が作れるようにサポートしていきたい。

④　チームYの第2の目的は、農場の問題を整理すること（Y農場の人たちが農場の問題を整理するのを助けること）である。それがこの「なぜ仕事が長くなるのゲーム」の目的でもある。このゲームでは、搾乳・牛の移動・掃除・給餌の各作業の連携の悪さが強調された。そこで次回のメインテーマは、各作業がどのようなスケジュールで進み、スタッフはどう関わっているのか、どう改善すれば各人の連携が取れ作業効率がよくなるのか、を皆で考えるゲームをしたい。そのことを通じてチームYの第3の目的である農場の問題を解決すること（Y農場の人たちが農場の問題を解決するのを手伝うこと）を進めていきたい。

⑤　2回目のワークショップに初めて参加させていただいたが、皆の表情が柔らかいことにまずびっくり。1回目の効果が農場のメンバーに実感されているのではないかと思った。比較的冷静で前向きに「労働時間が長いわけ」を考えた発言が出ていたのは、事前に聞いていた前回の様子とはずいぶん違う感じを受けた。ワークショップの狙いや方法がわかって参加していることもあるが、前回のワークショップ後に前より話ができる雰囲気が生まれていたのかもしれない。今回は具体的な問題点が出てきて、農場全体の作

業の流れ（牛の出し入れ問題）の問題点と、農場の外の問題（集乳車問題？）とが分けられたのがよかったと思う。また、Sさんが研修生とよく話をしていること、Sさんがきちんと問題を把握していることが端々で伝わってきた。

⑥　Y牧場の皆からは良いことは取り入れていこうという姿勢が感じられた。しかし、単にそのまま受け入れるのではなく、自分たちの仕事がしやすいように巧みに変法し、自分たちの作業に取り込んでいるようだ。マニュアルから見るとずれていることもあるが、生産者が自ら考えて行動を起こすことがまず第1であるので見守っていきたい。こちらも、それで良しとするのではなく、絶えず正しい情報を提供しながらY牧場の変化を見守っていきたい。

ワークショップ開催後には、必ず「ふりかえり」を実施することが重要である。ワークショップ中には個人的な意見を発表する機会がなかった参加者にも、こころに感じたことを述べてもらうことで、ワークショップで学んだことが理解しやすくなり、よく思い出せるようになる。この事例では、発言例として登場した6名全員がワークショップと参加型手法の効果を認め、将来への希望について話している。また、従業員と社長、従業員同士のコミュニケーション不足にも言及し、この会合がよいきっかけとなることを祈っている。かれら全員が気づいているかどうかわからないが、関係機関がチームとなり、一致団結して、農家へ働きかけることの意義も十分理解されたと願う。

主体性を育む3つの事例を紹介した。ワークショップは、参加者がお互いに話し、聴き、啓発し合う学びの場であるので、BSEのような社会的問題を抱えている話題を取り扱う場合に適している。「相手を受け入れながら自分の意見も主張していく」という態度が改善されたという結果に注目してほしい。また、畜産講習会でも意見が自由に発言できたとの感想があった。一方、参加型手法を使った酪農経営改善であるが、関係者の「ふりかえり」から、自ら気づいて主体的に動くことができるようになったある農家の様子が理解できたと思う。この事例では、約2カ月間に6回の会合を開催するなど、関係者の関わりも半端ではなかった。この結果として、乳量が増え、病気の牛も減り、仕事にかかる時間が減少するという生産性の向上へとつながった。

このようにアフリカでの経験が日本でも活かせることがわかった時は大変うれしかった。獣医学や畜産学から一歩飛び出して、国際協力という新世界を体験したことが幸いし、人がいてこその農業であり、畜産業であることが理解できた。また、それは個人の経験に終わらず、同じような悩みを抱えていた日本人への解決方法ともなり、「農場どないすんねん研究会」が発足した。この研究会では、全国にいる会員たちが主にメーリングリストで意見交換をしている。畜産現場を楽しい生活の場にするための新しいアイデアを生みだし、ワークショップを開催するなど、日夜、さまざまな取り組みが実践されている。

次の第Ⅲ部では、農業教育を軸とした、北海道の十勝で生みだされた村おこし（地域開発）の方法について紹介する。

第Ⅲ部　十勝を発展させる原動力となった農業教育

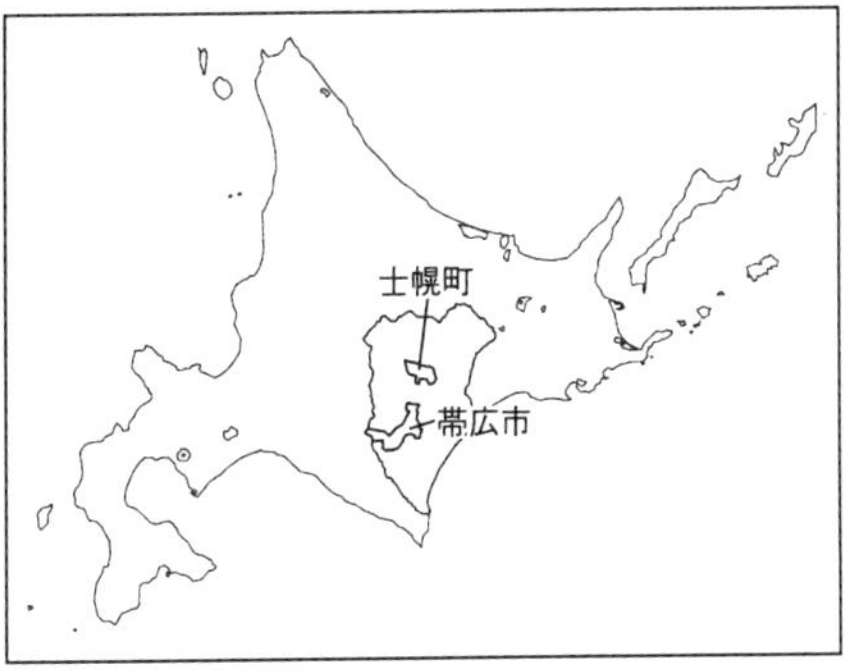

北海道

第Ⅰ部に書いたように、地域開発を成功させた十勝には十勝のやり方があった。たとえば士幌町であれば、ビジョンを持つ3人のリーダーが、農民と一緒に同じ夢に向かって主体的に活動した。まず、農村の人材育成を図るために農業高校を創設した。そして、農協の機能を高め、加工工場を建設し、付加価値をつけた生産物の販売をすることにより地域を豊かにしていったのである。

士幌にある農業高校は町立である。道内でも唯一の、町が建てた高校であり、全国を見渡しても類似の農業高校は存在しない。私の調査不足によるかもしれないが、士幌のように農業教育が地域開発の重要な柱として位置づけられていた他の地域を知らない。どうしても他の事例をあげろと言われると、よい比較ではないかもしれないが、アメリカである。アメリカの発展にも間違いなく農業教育が役立っている。序論で紹介したように、アメリカでは、大学と地方政府の研究機関との共同研究による新しい技術の開発、生産者の師弟を育てる農業教育、そして、生産者へ新しい技術や経営のノウハウを伝える普及事業の3つが統合され農業が発展した。たとえ新技術が開発されたとしても、通常の技術移転など口頭による普及だけでは現場で応用できないこともある。また、現場に適した方法に改良していくためには、生産者に科学の基礎力が要求される。遠回りのようであっても、生産者の基礎科学力が高い地域のほうが、持続的な農業開発が可能となる。

農民の教育レベルと農村振興とは密接に関係していたという事例として、「十勝を発展させる原動力となった農業教育」という題目のもと、士幌町の発展の過程について士幌農協理事であった太田助(たすく)さん、それに加えて、現役の農業高校の教員3名にもお話を伺った。また、地域のリーダーになれるような人は「農業生産活動においても高い収益を収めている」という調査成果についても報告する。第Ⅲ部では、第Ⅰ部のＪＩＣＡ研修コースを計画する際に中心軸となった、農業高等学校で使われている教育カリキュラムの重要性に焦点をあてる。

第1章　士幌の発展と農業教育

士幌町は、十勝総合振興局が管轄する十勝平野の北東部に位置する。北部に士幌高原があるため、北部から南部にかけてゆるい傾斜をなすが、中部は平野が広がる畑作地帯である。1891年（明治24年）に岐阜県で設立された美濃開墾合資会社が中士幌地区に入植したのがはじまりで、町がうまれた。入植者には濃尾地震の被害を受けた人々が多かったという。農業は畑作、酪農や畜産が盛んで、ジャガイモ、牛肉、ミニトマトなどを生産している。これらの素材を使った、道の駅「ピア21しほろ」で販売しているソフトクリームやスープカレーはボリュームがあるだけではなく、大変おいしいのでファンも多い。見どころとしては、7月末から8月上旬にかけてヘイケホタルが見られる朝陽公園ホタルの里がある。また、開拓90周年を記念して建設された美濃の家・伝統農業保存伝承館では、体験実習を通して、開拓当時からの先人の農業や生活のようすがわかり、たくましい開拓精神を学ぶことができる。

士幌町は、士幌農業協同組合が中心となり、地域を発展させたといえる。士幌農協が生産から加工・流通と、大規模な合理化・多角化を進めた結果、全国的にも希に見る強力な経済団体として成長した。農業協同組合でありながら全国高額所得法人の常連として名を連ね、長らく全国農業協同組合連合会の頂点に君臨し続けていたということは、ふつうの農協ではなかったことを物語っている。この理由を次に述べる。

士幌農業高校における人材育成

戦後すぐは、他の開拓の村と同じように、士幌町も貧しい農村であったようだ。後で登場する太田さんが昭和30年代に士幌農協へ就職するころは、十勝に26ある農協（JA）のなかで一番貧乏なJAだったという。それを何とかしようと立ち上がった3人が太田寛一、秋間勇、飯島房芳である。太田寛一は、のちに全国農協連合会会長となり、日本の農協史にその名を刻んでいる。士幌町は、こうしたリーダーとともに、生産した農産物を自前で加工・流通させることで付加価値を高めて、強固な農業基盤を作り上げた。士幌町の初期の開拓は、人馬により、血のにじむような労苦、酷寒のなかで行われた。そのようななかにあっても何とか子供たちには教育を受けさせたいと、先人たちは自分たちの手で学びのための小屋を建てた。こうした小屋が、のちの町立士幌農業高校（当時の名称。現在は士幌高校と改名されている）の原型である。その理念は、農業農村の発展は人材育成が基本である、との考えに延々と受け継がれている。

同時期、農業分野の人づくりも急がれていた。「教育基本法」や「学校教育法」の制定などにより新制大学が1949年4月に発足する。一県一国立大学というスローガンのもと、近代農業を導入し、食料を供給できる人づくりも盛んに行われた。農学部を持つ新制国立大学は、1949年6月には24大学（26学部）に増えた。また、1968年には国立大学だけで39学部にもなっている。しかし、「近代農学」は農村に密着したものではなかったようだ。西欧の近代科学を真似て、西欧に追いつけ追い越せという国家の教育体制の画一化のもと、地域社会から離れてしまい、大学が農民には手の届かない場所になってしまったと嘆く意見も多々あると聞く。このような理由から、農業高校が農村に密着した農業後継者を育てることができる唯一の教育場所となってしまったのかもしれない。

現代に合った後継者育成、または地域の担い手づくりが今後も期待されている士幌高校で教員として働いていた髙野さんに次のコラムを書いていただいた。彼は現在、音更高校に勤務している。

コラム⑤ 農業後継者を育て続ける意義（髙野　正さん、音更高校教員）

現在、私は農業高校の、酪農・畜産を専門とする教員になって19年目を迎えた。この間、2つの高校、3つの学科でそれぞれ教壇に立ち、学校の畜舎や圃場、ときには生徒の家や牧場・農場で学習指導や生活指導にあたってきた。実は私には、農業教員としての1つのこだわりがある。それは、地方農村部の小規模な学校で教壇に立ち続けることだ。それは、そうした農村部に学校があるということは、そこに一人でも多くの農業後継者がいるにちがいないという想いからである。私のかつての夢は牧場主になることであった。つまり私は、農業自営、牧場経営といった、私がかつて果たせなかった夢を、これから農業を後継していく生徒たちとともに紡いでいきたいと思っているからである。

それとともに、さらに強い想いでいるのは、労働的にも、また経営の経済性や社会的な地位においても、いわば相対的に〝しんどい〟職業とされている「農業」で生きていこうとする若者たちを少しでもはげまし、そしてその背中を押して未来に送り出したいと考えているからである。だから私は、これまで、農業高校における「農業後継者の教育」を大切に思うとともに、そうした実践に一貫してこだわり続けてきたのであった。

とはいえ、農業高校とは言っても、今ではそこで学ぶ農業後継者が少なくなっているのも事実である。それよりもむしろ、実際には多様な価値観を持った、農業とは直接関係を持たない生徒たちがたくさん農業高校で学んでいる。そうした子どもたちへの丁寧な対応が切実に求められていることも十分承知したうえで、それでもなおそこに、農業後継者が一人でもいれば、私は農業教員として心の底からエールを送りたいと思う。

では、上述した点について、もう少し踏み込んで検討するために、私が初めて教壇に立った前任校での経験を伝えたいと思う。その高校は、酪農専業地帯に立地する1学級の、しかも定時制課程の農業高校であった。そのとき、強烈な印象として心に深く残っていることは、そこで学ぶ生徒たちの姿であった。とりわけ酪農家の子どもたちが、生活の糧となる酪農業をリアルな生活実態として片時も忘れずに登校し、学び、高校生活をひたむきに生き抜いていた姿であった。

当時、私が担任したクラス40名のうち、酪農家の子弟は29名だった。そして、そのほとんどの生徒たちが皆、何らかの形で家業の酪農の仕事を手伝っていた。牧草の収穫期になると、その手伝いで何日も学校を休む生徒もいて、それも一人や二人ではなかった。

私は、こうした現実を目の当たりにして、「農業高校の存在意義」に関する問題意識が芽生え、当時の生徒たちの現状を調査したことがある。結果は次のようなものだった。

酪農家出身の生徒69名（1〜3年生）のうち、実際に家業の酪農を手伝っている生徒は、全体で85・5%（59人）にも達している。また、このうち「酪農を手伝う姿勢」についてみると、「自分の意志で」は、33・9%（20人）となっている。そして、その「手伝う理由」の主な内容を概観すると、「家族（主に母親）を助けたいから」「後継者として当然」「将来、家を継ぐのに役立つから」という理由であった。つまり、こうした事実から見えてくるのは、そこで学んでいた生徒たちの多くは、農業高校だからこそ、家業の酪農に〝誇り〟と〝やりがい〟を持ちながら、それと併せて、家族のことを思いやり、気遣う〝優しさ〟も常に忘れずに、高校生として日々学ぶことができたのではないだろうか、ということである。

以上のことから、あらためて農業高校の存在意義について考えてみよう。さきほども指摘しておいたが、農業高校とは言っても、今ではそこで学ぶ農業後継者が少なくなっているのは事実である。けれども、親や家族のことを想い、気遣いながら、農業を後継していこうとする高校生が、たとえわずかではあっても確かに存在し、したがって農業高校は、そうした農業で生きていこうとする若者の「未来」をはげましていかなければならない大切な役割があると思うのである。つまり、それこそが、農業高校が農業高校であるための存在意義にほかならないと思うのだ。

太田さんと研修員たち

現代では農業に従事する若者が減ってきているので、農業高校の存在意義も変わっている。髙野先生は、それでも、農業高校は後継者を育てるための場所であるという重要性を強調されていた。それでは、これまで農業高校はどのように地域の発展と関わってきたのであろうか。太田助さんから、農業地域の発展のためには農業に関わる若者への教育は欠かせないというお話を伺った。

太田助さんからの聞き書き

太田助さんは、苗字は同じであるが、前述の士幌農協の父である太田寛一さんとは血のつながりはない。しかし、農協の上司と部下という関係で一緒に仕事をしていたし、ある意味では子弟のような関係があったのではないだろうか。太田さんのお話は、かれが帯広畜産大学を卒業後、最初の大卒技術員として、50年以上も前に士幌農協に採用された時から始まる。士幌農協の農業生産者と太田さんがどのような関係を築き、現在のような豊かな士幌を作り上げたのか、40年間の農協職員としての経験も交えてお話しいただいた。(1)

士幌で育まれた農村力

リーダーとの約束

私が就職したときには、士幌農協は26農協のなかでも一番の貧乏農協だったが、大学卒の技術員を採用した唯一の農協だった。「組合員を豊かにすることだ。組合員の経済を豊かにしてくれ」と頼まれた。当時、その組合員数は950戸で、950戸全部の農家の経済を豊かにしてくれって言われても私にできるはずがないですから、「いや、全部の農家の借金をお前に全部なくしてくれというわけでない。俺の方で、一番苦しい、一番借金の多い農家を20戸選んであるから、その20戸をなんとか豊かにしてくれ」と指示された。「20戸の農家とはどのような農家なのですか」と聞いたところ、「もう5年も10年も先からね、借金が溜まっている大変な農家だ。その農家20戸の借金をなくしてくれ」と頼まれた。「いや実は5年も10年も前からたまっている借金はこちらに置いておいて、毎年のように借金をするからそうなるのだから、1年間で農業経営を改善し、その1年間の農業経営で赤字にならない経営を指導してほしい。黒字の経営になるよう、3年がかりで取り組んで、3年目には1年間の経営が黒字になるための指導をしてくれ」という。そこで、私は「20戸の農家を対象に、3年がかりで1年間の黒字経営に転化するという努力をしましょう」と、リーダーに約束した。

優れた技術を眺めて盗む

それからが大変で、私は20戸の農家を良くするために、950戸全部の農家の良いところを、毎日見て歩いた。そして、彼らの良いところを、20戸の農家の悪いところを直すために使おうと考えた。20戸の農家に一番欠けていたことは、ひとつは、作物をたくさん取る技術を持っていないということ、2つ目は、人の話を聞かないことであった。人の話を聞かない、一生懸命働くけれど生産技術を持っていない農家、これが一番貧乏にしていたのである。貧乏から脱するためには、生産量を増やすための技術を身につけさせないといけないのに、いくら話しても彼らは私の言うことを聞いてくれなかった。

ところで、950戸のなかには裕福な農家もいた。その裕福な農家のところへ行って「親父さん、あんたは士幌で一番馬鈴薯を生産しているから、あんたの技術を俺に教えてくれ」と言って私がお願いしても、その農家は教えてくれない。「収穫が多い技術をお前に教えてしまったら俺が取れなくなる」と考えたのか、全然教えてくれない。これにもまいった。私が聞いたって教えてくれないから、この人独特の技術を見つけるために、2年間、遠くから眺めて、その農家が持つ一般の農家よりも優れた技術を見つけ出したのである。そのための現地周りであった。

最低の人を底上げする

中ぐらいの人だけ相手にしていたら、最低の人はいつまでたっても豊かになれない。最低の人が豊かになれないと、社会全体が底上げできないので、最低のところほど力を入れるべきであるというのは、私個人の考え方であった。普及員はたくさんいたけども、農協に入った私のような技術屋としては、最低の人たちを底上げするためにどうするかということをいつも考えていた。そういう指導をしているうちに、最低の農家のなかで私の話なら聞いてみようという農家が一戸出てきた。その農家が私の言うことを聞いて、馬鈴薯を作るときに「5 haの馬鈴薯のうち3 haは、あなたが今まで作ったやり方で取りなさい。2 haは、私が言う通りの技術を使って取りなさい。」と、1年間、指導をした。毎日のように私も通った。そして「収穫するときには、この2 haと3 haは別々に収穫しましょう」と言って収穫した。2 haから取れた量は、3 haから取れた量の倍以上あった。その農家はものすごく嬉しい顔をして「取れた！」と言って喜んだと同時に、隣近所の人たちが「今まで全然取れてなかった農家が俺よりも取った」ということで驚いた。また、「お前、どうやったらそんなに収穫できたの」と、今度は、その農家に周りの農家が聞きに行く。その農家が「いや俺は特別なことはしてない。太田さんの言う通りのことをやったら採れた」という話を周り近所の人に話したら、近所の人が私のところへ来て「俺にもその取り方を教えろ」と頼まれた。こういう方法でやれば取れるということがわかってきた。取れたという結果が出たら、農業技術普及員の方々も一緒になってやろうということになり、町中の指導が一緒にできるようになった。

貯金の励行と加工工場の設置

この経験から、取れたものが高品質であって、しかもたくさん取れる、こういう技術を農家に身につけさせれば農家は豊かになっていける、と感じた。それから、たくさん取れた農家にはそれだけ収入が増えるわけであるから、その収入のうちのほんの少しだけ貯金させる。取れた金額のうち、５％だけは「なかったもの」として貯金しておこうという方法も提案した。その５％を確保するためには、われわれ技術員が現地指導をしているときに、30俵しか取れない農家に31・５俵取らせれば５％は別だと言って積ますことができる。31・５俵以上取れたやつは自分の懐に戻ってくる、こういう考え方で５％っていうことをやった。少ないけどやろうと。最初のうちは「せっかく取ったお金だから、俺は貯金しないで使う」という人もいたけれども、なんとか組合員に納得していただいた。みんなでやれば農協が力をつけることになり、農業協同組合という精神が生きてくる。そうすると今度は、取れたものを原料で売るのでなくて、原料を加工しよう、一人一人では加工工場なんて持てないけども農協単位でなら持てる。そういう目標を立てて加工工場を農民の手で作った。農民工場として農協が工場を立ててそこで加工すると、今度は加工工場で儲かったものが全部組合員のものだから、利益を組合員に戻すということができる。

地域社会への貢献

生産する力も、それから勉強する能力も、考える力も、努力する力もなかった弱い農家の人たちが、自分たちの力で加工工場を作って、その加工工場で儲かった利益は自分のものになるということを実感できたのである。学校で勉強する能力が低かろうと、一般社会で計算力が弱かろうと、自分たちの力で自分の工場を持つことによって、そこから儲かったものは自分たちのものになるということを皆で勉強した。また、工場を作ることによって、地域社会を開発することにもつながった。そして、地域社会が活性化され、資金力ができてくる、ということに結びついていった。

しかし、組合員の協力がなければ工場はうまく機能しない。たとえば、100万俵のジャガイモを処理できるデンプン工場に70万俵しか集まらなければ、30万俵分だけはコストがかかってマイナスになる。100万俵取るためには、現地の技術指導が必要なのである。その技術指導によって100万俵、つまり満杯に取れたときの儲けが自分たちの懐に入ってくる、というプラスが出る。農業が農民の加工工場によって栄えてくると、工場では働く人が必要になる。雇用の力を持つ工場に、農民工場が変身する。それで一般社会の人たちも、農民工場を農民が作ることによる農業の社会への貢献を、直接理解できるようになった。

未来を夢見る後継者

そういうふうにして加工工場などを作って地域社会に貢献していくと、今度は農協としては持続的にその農協が発展していかなければならないということで、農業の後継者のための農協青年部を作ろうということになった。そして、農家の息子さんたちが青年部を作った。今は農協経営に口出しをしなくても、その次の時代の農協運営は青年部の力に任すのだから、今一生懸命、農協をどうするかっていう勉強をしてくれということで青年部を作った。また、毎日の生活、とくに食生活では女性の力がなければ生活の質が向上しない。今まで貧乏していた時にはお金がなくて、こうしたい、ああしたいというものもできなかった時代があった。

農協女性部というのを作って、女性部のみなさんに経済力が強化された時に、生活水準をどのくらいのレベルにしたらいいか、家族の健康はどういうふうに保持したらいいか、考えていただいた。さらに、農協運営協力委員会も作った。士幌は9つの地区に分かれているので、各地域の意見をまとめて、俺たちの地域ではこういうことを農協にやってほしいという要求を出す組織である。青年部、婦人部、農協運営協力委員会にしても、難しい議論をする場所というより、ソフトボール大会を地区でやろうとか、地区対抗でスポーツ大会をしようとか、地区の者が子どもから大人まで集まって楽しい、飲んだり食べたり歌ったり踊ったりする会になった。

各地区に農産課実験圃場を作らせてもらって、その実験圃場で農産課の私たちが実際に農業をやった。そして、現地講習会と称して防除する時期だとか、収穫する時期だとか、そういう時期の見定めなんかについて現地で講習会を開いた。農産課が作っている畑でもって講習をやり、農民がその実際を見て「ははー、なるほど、ここだけ俺たちと違うわ、これは勉強になった。来年からこうしよう」というふうに変わっていった。

ユートピアを語る

私が就職した時、町長、農協の組合長、それから農業委員長が集まって、ものすごく疲弊した貧乏な農村である士幌に将来はユートピアを作ろうではないかという議論をした。農業生産をどうやって良くするかとか、町民の健康をどうやって保持するかとか、若い者の教育をやらなければ農業は長持ちしないとかの議論があった。また、農協は、一戸一戸の組合員の財政面をピシッと支えることだとか、農家が持っている土地は考えてみれば国土であるので、国土のなかに「あいつは湿気地で悪いとこへ入っている、それで貧乏している」「こいつは乾燥地でものすごく良いとこに入って生産性も高く、ものすごく豊かになってる」というような格差が出ている。これを直すには、湿地帯を改良する金として国費を導入してきて直してやって平等にしてやろう。そういうようなことをやるのが農業行政である。徒競走で、よーいドンで走るときに同じところを走るとしたら、今度は能力があるかないかが問われる。経営者能力がある者だけが勝って、経営者能力のない者は貧乏していくということではダメだと。そのためには教育が大切だと。俺は金がないから教育が受けられない、遠いから学校へ行けないことがないように町立の農業高校を作って、農業で一生懸命やるならここで勉強しれっていう学校を作ろうって言って、今でも町立の農業高校はある。そういうことをきちっとトップリーダーが話して私なんかに書かして、それをみんなにここはこういう理想郷を作るんだと言って説明した。

どんなに酒飲みでくだらないと思われる人でも、どうにもならない人に対しても、無知でいくら言ってもわからない人にでも、こちらが誠意を持って話をすれば必ず通ずるということを私は40年間勉強してきた。自分も大変な苦労をしたが、一番最初にトップリーダーが「理想郷を士幌に作るためにはこれだ」といったものを書かせてもらったことは、私の生活のなかですごい哲学を教えていただいたというふうに思っている。

この著書を世の中に出したいと考えた最初の理由は、この、太田さんのお話を聞いたからである。多くの人々に読んでいただきたくて、テープに録音し、本書では聞き書きとして表した。太田さんは、温和でいつもにこやかな笑顔をたたえている紳士である。しかし、士幌農業共同組合での40年間は、試練の毎日であったと思う。「優れた技術を眺めて盗む」作業は、2年間かけて行っている。最初は20戸の農家の改善から始めて、3年間でこれらの農家を黒字経営にした。また、どうにもならない人をみすてて はならない、最低の農家の生産性アップが実現できなければ、町は栄えないという教えも身にしみる。

なぜなら、最近の傾向として、途上国で普及員不足を補うための戦略として、まずはリードファーマー(優良農家)を中心に支援し、その後、このリードファーマーが周辺の農民へ指導するという、農民から農民への普及を行うという風潮があるからである。過去の日本だけでなく、マラウイ政府でも同じような取り組みを行っていた。しかし、太田さんは「最低の人を底上げする」重要性を説いているのである。彼自身、どうしたらよいのか名案もなかったので、他の職員や普及員へは強要せず、彼ひとりの課題として数年、考えていたようである。生産性の低い農家を批判するのではなく、生産量を増やす技術の伝授にあたって、その農家の畑を試験場として実験させ、農家に自信をつけさせたという事例も述べている。最低の人を引き上げることは地道な方法ではあるが、指導方法の統一がとれ、地域全体のレベルアップにつながるので、ある程度、普及活動が動き出した地域では、おちこぼれの農民へも目を向けていくことを忘れてはならない。これは合理的な考え方ではないかもしれないが、普及員や農協の関係者へ必ず伝えていきたい事例である。

以上のように、士幌町は、士幌農業協同組合が中心となり、地域を発展させたといえる。士幌農協が、生産から加工・流通と大規模な合理化・多角化を進めた結果、全国的にもまれに見る強力な経済団体として成長したが、この根底には、農業高校での後継者教育とＪＡにおける青年部と女性部の活動がある。町のリーダーらが「若い者の教育をやらなければ農業は長持ちしない」とユートピアを語ったように、未来の農民となるために青年期からレベルの高い教育や地域活動を介したコミュニケーション教育を含む実学が行われてきたのである。

これらの事例は国内だけでなく海外へも伝えていく必要があるという理由から、次に述べる国際学会が十勝を舞台に開催されることになった。

第4回アジア・太平洋農業・環境教育者学会

２００９年8月3〜6日、帯広にて、第4回アジア・太平洋農業・環境教育者学会が開催された。「環境問題に配慮した地域づくりのための農業・農村教育をいかにすすめるか」というテーマであった。東京実行委員長であった故・田島重雄先生（帯広畜産大学名誉教授）のお言葉をお借りすれば、帯広市の「環境対策」が全国的モデルであり、士幌など周辺の村づくりが「貧困追放」の具体的好例であり、帯広畜産大学、士幌農業高校、帯広農業高校が「村づくりに深く貢献」しているという理由から、会場が帯広畜産大学となったという。

コスタリカ平和大学学長による基調講演から始まり、公開パネル討議では、畜産大学の学長、帯広市長、士幌町長、帯広川西農協組合長が、「環境問題に配慮しつつ、今後の農業・町づくりとその教育を考える」をテーマに語り合った。来賓も国際的で、国連食料農業機構（ＦＡＯ）の農業教育担当者やアジア生産性機構からも祝辞をいただいた。国外では台湾、韓国、フィリピンからの参加者が多く、日本人研究者と一緒に研究成果を発表した。私も帯広実行委員会の委員として2年前から準備に参加させていただいたので、士幌や十勝の発展に関与した方々とも知り合いになれた。

このシンポジウムで「十勝農学談話会の十勝農業への貢献」という題名で、澤田壮兵さん（帯広畜産大学名誉教授）がお話された。談話会は１９５９年に、農学および農業関係者の連携をはかり、地域農学の振興を通して十勝農業に寄与することを目的に、帯広畜産大学と十勝農業試験場の若手研究者の発意により設立されたという。1960年代前後に、豆類中心の農業から、冷害に強い馬鈴薯、てん菜、酪農に転換し、それまでの畜力、人力からトラクター中心の機械化農業に変わっている。今日の十勝農業の発展は、多種類の作物と畜産を組み合わせた近代集約農業の実践の成果といえる。しかし、その背景には、十勝農学談話会が、大学、試験機関、普及所、農協、企業、農業従事者など関係するすべてのステイクホールダーが職場立場を越えた研究活動をできる場を作った結果でもあると澤田さんは述べられている。

シンポジウムで澤田さんのお話を伺うまでは、このような会があったことも知らなかった。これまで、農業教育や農民主体の農業活動の、地域開発貢献への重要性を話してきた。しかし、農民がやる気になっても、よい種や栽培、加工、流通方法が存在しないと利益は得られない。自給自足の農業から商業ベースの農業へ発展するために途上国が抱えている一番の問題は、農民と研究機関をつなげるリンクが存在しないか、あったとしても非常に弱いということである。前述のエチオピアにおけるＪＩＣＡプロジェクトでは、ＦＲＧ手法を導入しようとしていた。かれらは、この「農民と研究活動」という課題に注目し、そのリンク形成のための支援を行っている。

十勝にはまだまだ学ぶことがたくさんある。主体的な農民活動が行われてきた過去の経験を風化させないためにも、先輩方からお話を伺い、文章や写真を保存し、過去を学び、ＪＩＣＡ研修コースとしてよみがえらせ、途上国だけではなく日本国の発展のためにも、十勝の経験を活かしていきたい。

【註】

（１）この項では、太田さんの語り口をできるだけそのままお伝えするために、主語を「私」として太田さん自身が語られたままを記した。

後継者育成または地域の担い手作りは、村おこしだけではなく、農畜産経営においても重要なことである。太田さんが語っていたように、農業経営の善し悪しは技術だけではなく、「人の話が聴ける」など生産者の性格や「ひとがら」などの「人間力」にも影響される。それが村全体としての「農村力」にもつながる。中等農業教育の目的は、農業の技術を教えるだけではなく、農村のリーダーを育てることでもあるので、ヒト（人間力）と生産性についても考えてみることにする。

生産性に影響を与える人と人との関係

酪農を営む上で、乳質や乳量などの牛の生産性に影響を与える要因は大きく分けると3つに分類できる。まずは、これまで畜産の研究課題として主に取り上げられてきた乳牛の疾病、繁殖、搾乳方法、栄養面などの〝牛の要因〟、次に、近年注目され始めている家畜福祉の概念による〝牛と人の関係〟、3つ目が、酪農を取り巻く〝人と人の関係〟である。この〝人と人の関係〟には、家族間や経営主と従業員間などの農場内部における関係と、酪農業にはなくてはならない農協や飼料会社などの外部機関との関係、の2つがある。

論文は少ないのだが、酪農家の性格、趣味や家族関係が、乳量や体細胞数などの牛の生産性と関連があったと報告されている。また、酪農家がさまざまな問題を解決する過程で、酪農家と酪農家に助言をする獣医師との間のコミュニケーションの重要性も忘れてはならない。さらに、通常の支援サービス（ヘルパーなどによる労力軽減や技術支援）だけではなく、それを担当するヘルパーや普及員などとの人的信頼関係を築くことも生産性向上に関係しているらしい。しかし、このような酪農家と外部機関との人間関係に関する調査や、その関係が牛の生産性にどのような影響を与えるかについての調査研究は実施されていなかった。そこで、経営者の専門教育レベル、飼育・搾乳頭数、牛舎・経営形態など飼養管理方法が似通っている、ある農協管内の酪農家の人間関係における差異に焦点をあて、外部機関との関係が牛の生産性に影響を及ぼす可能性について調べることにした。

全体の特徴

必要な外部機関とその選択理由

「欠かせない機関（3つ選択）」の項目で多く選ばれたのは、家畜が病気になった場合に獣医師を派遣するNOSAI（農業共済による家畜疾病保険）（30%）、農協（21%）そして、飼料会社（17%）であった。その他としては、牛乳検査センター、人工授精所、畜産技術センターや会計士である。約9割の農家が外部機関との間で何かしらのトラブルの経験があったという。しかし、問題と答えた農家の3割は「問題の経験はあるが大きな問題ではない」「リスクの想定内である」というように、問題はあるが気にする程度のものではないとの回答であった。問題があった機関として、具体的には、飼料会社（23%）、NOSAI（16%）、そして、ヘルパー（12%）があげられた。

外部機関がなにか問題を発生させた場合のその後の付き合いについて、約半数は「付き合いを続ける」が、4割の方々は「場合によりやめる」と答えている。「付き合いをやめる」と答えたのは2軒だけであった。「トラブルの経験がないから答えようがない」という意見もあった。

多くの飼料会社のなかから取引する会社を選ぶおもな理由としては、値段、昔からの付き合い、そして、営業担当者の能力の3つがあげられた。品質を理由として選んだ人々もいるが、値段、現状維持、営業担当者の3つの主要な理由と重複した回答が多い。会社の専門性や供給量・農家の評判もわずかではあるが理由として述べられている。その他の理由としては、「使ってみてよければ」「以前勤めていた会社であり自分で作ったエサだから」「農協系統」「商系」などであった。

技術を信頼している機関では、一番多かったのがNOSAIで、3割の酪農家が選んでいた。また、牛のことは獣医、エサのことは飼料会社、経営のことは農協というように、ひとつの機関だけではなく、複数の機関を信頼しているということもわかった。しかしながら、「信頼している機関はない」という意見もあった。相談相手は、技術を信頼して選んでいる機関とほぼ同じ機関の職員であるが、「相談相手はいない」という回答もあった。相談をしない理由としては、「相談する人がいない」「相談することがない」「自分のこれまでの経験をもとに解決できるから」などであった。技術を信頼して選んでいる機関が「ない」と答えた3農家は、相談相手も「ない」と答えていた。

外部機関と付き合いを始めるきっかけは、自分からアプローチをするという回答が35%と多く、アプローチの手段としては、ほとんどが電話、あるいは、直接、現地に足を運んでいた。その他、昔からの付き合いなのでわからない（27%）という回答も多く、「今、新たに付き合いを始める気は無いから」「変える必要がないから」などのコメントが加えられた。

外部機関と付き合う上での信条について、4農家は「何もない」もしくは「相手に合わせてもらいたい（自分から心がけることは無く、相手が努力すべき）」と答えていた。信条の内容として多かったのは「当たり障りない程度に付き合う」（28％）で、次に「相手に合わせる」であった（24％）。

情報源

情報源として多かったのは、他の酪農家（24％）、農協以外の外部機関（21％）、そして、雑誌（20％）である。農協以外の外部機関とは、獣医師、飼料会社、薬品会社、機械会社、研究機関（大学、試験場）、乳製品会社、ローリーの運転手などであった。その他は、インターネット、異業種の人、記者、学生、畑作農家、酪農振興会の会議、関係機関で働く親族、支部の会合、自分の知識、などである。また「今はほとんど息子に任せているので、答えられない」や「今は探究心がなくなっているので、自分からは情報を得ない」という意見も出された。

他の酪農家との情報交換について、情報源でも他の酪農家があげられていたように、約半数は他の酪農家との情報交換に積極的であった。個人的に家を訪ねたり、電話をしたりするという。1軒だけではあるが、「ごく特定の農家とは昔から深い付き合いだが、近所の農家とは飼育形態が違うことなどから会う機会が少ないので、ほとんど話さない」という回答もあった。

余暇の過ごし方

家族（33％）だけでなく、他の農家の方々（26％）とも、地域の行事や、旅行、奥さんたちのグループなどで、余暇を一緒に過ごすことが多いという。15％の農家は、外部機関との交流もあると答えていた。また、回答者の85％は、習い事、車、バイク、パソコン、読書、カメラ、音楽鑑賞などの趣味を持っている。次いで、家族で外出・外食、子供の部活の応援、パチンコ、地域の行事、飲みに行くなどの娯楽・レジャー関係が3割である。趣味はないと答えた人は、テレビを見る、食べる、寝る、休息することが余暇の過ごし方であり、「仕事が趣味」と答えた人もいた。

最後に、経営管理方法の指標のひとつとして、農家の外観についても観察した。約半数の農家には「○○牧場」というような看板と事務室があり、牛舎の周りに花を植え鉢植えを置き、3割以上の農家で牛をモチーフとした飾りものを設置していた。

生産性の高い農家と低い農家の比較

この調査では、牛乳の乳質検定データのひとつである体細胞数を使い、酪農家を生産性の高い農家（体細胞数20万個／mℓ未満：体細胞数が低い）と低い農家（体細胞数20万個／mℓ以上：体細胞数が高い）に分けた。体細胞数は乳房炎があるかどうかを知るための指標に使われ、体細胞数20万個／mℓ未満であれば正常と考えられている。また、牛乳の価格も、20万個／mℓ未満であれば標準価格に＋1円／kg、20—29万個／mℓは0円であるが、30万個／mℓ以上となるとペナルティーとして1円／kg差し引かれる（地域により、牛乳のランク付け方法とペナルティーに違いがあるので要注意）。

必要な機関とその選択理由

「欠かせない機関」として、体細胞数に関わらず最も多くあげられたのがＮＯＳＡＩであった。利用件数が最も多い支援サービスはＮＯＳＡＩであり、「治療は自分ではできない」という農家の意見からも、農家は獣医師の持つ治療や繁殖などの専門的な技術を必要としていることがわかる。そのほかの「欠かせない機関」としては、生産性の高い農家は、削蹄師（牛の蹄を切る専門家、削蹄は牛の健康管理に重要な役割を担っている）と農協を選ぶ傾向があった。削蹄師を選んだ農家は、牛の蹄が適正な外形を保ち病気にかからず、無理なく負重の役割を果たすことが、牛の健康と生産能力を左右する重要な要因であることを知っており、削蹄により牛の健康を保つことをめざしているからであろう。このことが、低い体細胞数の維持につながっているのかもしれない。農協を選んでいる農家は、農家が自ら出資することで農業生産力の増進と農業者の経済的社会的地位の向上をはかるという農協の役割をよく理解しているからではないかと思う。技術を信頼して選んでいる機関と相談相手について、生産性の高い農家は「機関は限定せず、各機関が得意とする分野の問題を相談している」と答えていた。以上のことから、外部機関の役割をよく理解し有効に活用することができる農家は、生産性が高く、体細胞数を低く維持できるのであろう。

飼料会社との関係

次に、体細胞数の低い農家と高い農家で顕著な差が現れたのは、飼料会社との関係であった。体細胞数の高い（生産性の低い）農家は、牛の生産性向上のための手段を飼料設計や飼料分析と考え、飼料会社に頼っている傾向が観察できた。また、乳質や乳量向上のために重要な要因として、飼料のみをとくに重要視して、それ以外の要因に関心が少なくなっているためではないかとも考えられる。一方、体細胞数の低い（生産性の高い）農家は、飼料設計など栄養面での基本的な課題はすでに自らで解決しており、飼料会社は「エサを供給してくれればいい」という程度の存在であるため、欠かせない3つの機関のなかに選ばれなかったようだ。しかし、どの飼料会社を選ぶのか、選択の理由に関しては、体細胞数の低い農家と高い農家の間では大きな差は見られなかった。体細胞数に関わらず最も問題が多いと指摘されたのが飼料会社であり、エサ補充時のトラブルと営業マン・担当者に対する不満が多くだされた。多くの農家にとって飼料会社は、飼料の運搬や営業、打ち合わせなどのために農家を訪れる機会が他の機関より多い外部機関であるようだ。そのため、飼料会社との間で起こるトラブルの頻度も多いのかもしれない。

役職と生産性との関係

役職についてであるが、生産性の高い農家のほうが、現在、過去において役職の経験がある経営主が多い傾向にあった。スウェーデンでも同じような結果が報告されており、生産性の高い農家の経営者は畜産関係の組織で役員を務めている人が多いということだった。一般的に、役職を任される人は農場の成績が良く、責任感が強く、人から信頼される人であり、人とのコミュニケーションも上手である。一方、役職に就くと、外部機関との接触が多くなり、外部機関とのコミュニケーションが上手になるので、よい情報を得る機会が多くなり、それを自分の知識とすることで体細胞数を低く維持できているとも考えられる。

外部機関への不満

2番目に多く問題があげられたのはNOSAIであるが、生産性の高い農家のほうが、NOSAIの問題をあげる傾向にあった。NOSAIの問題としては、体制、獣医師の能力、時間制限、診療ミスがある。問題の内容としては繁殖関係の疾病が目立った。これは、繁殖効率の向上を追求している農家のほうが、より牛を健康に保とうとするため、体細胞数も低く維持できるからであろう。使っているかどうかは別として、開業獣医師を欠かせない機関としてあげた農家は58軒中4軒のみであった。また、「開業獣医師は料金が高い」との意見からも、ほとんどの対象農家はNOSAIの獣医師を利用している。NOSAIと飼料会社はどちらも、欠かせない機関に多く選ばれながらも、問題があった機関としても取り上げられていた。欠かせない機関であるほど農家からの期待は大きく、不満も多く出るのかもしれない。

酪農家の休日確保などのために飼料管理作業を代行する酪農ヘルパーは、酪農経営の維持発展に大きな役割を果たしているが、このヘルパーについての問題もあげられている。問題の内容は、作業に対する不満と職員に対する不満の2つに分類できた。「北海道における酪農ヘルパーと利用農家の意識調査」によると、ヘルパーに対する不満について「作業機械を壊す」「言ったとおりの作業をしていない」「仕事が雑」などの問題点が指摘されている。この調査でも、ヘルパーの作業に対する不満はよく似ていた。しかし本調査では、搾乳する順番の記載や牛の健康状態維持、作業の単純化など、ヘルパーにミスをされないための工夫をしているとの声も聞かれた。ヘルパーの問題はヘルパー側の要因でもあるが、農家側もトラブルを起こされないように工夫し、ヘルパーとの関係を良くすることで、事故や病気の発生を未然に防ぐことが可能である。

さらに、外部機関との問題について気になる意見があった。体細胞数による差はないが、系統（公的機関）と商系（民間企業）についてである。酪農家の公的援助機関への不満は、①時間的制約、②必要性を判断しにくい多様な情報と新製品、③サラリーマン気質（責任感が薄い仕事ぶり）、④転換・転勤の4つに分けられる。本調査においても、時間の融通が利かない、非を認めない、専門性が低い、書類の仕事が多く農家回りをしない、など同様な不満が聞かれた。酪農女性の農協に対する注文で最も代表的なものが「職員の対応への不満」であった。これらの公的機関の欠点をカバーし、公的機関に対抗しているのが民間企業であるが、民間がすべて優れているわけではなく、公的機関には無料で利用できるという長所もある。今回の調査対象農家のなかには「どんな機関も使い方次第」という積極的な意見も聞かれた。

生産性が低い農家のほうが「外部機関との間に何らかの問題がある」が「それらの問題は

気にしていない」と答えていた。外部機関との関係がうまくいっていない場合、それを改善しようという思いが少ないことと、また、何らかの形で生産性向上を導いてくれる外部機関との出会いを遠ざけている可能性がある。そのために、体細胞数が高いままで、この問題を解決できないのではないか。一方、生産性の高い農家では牛の問題が少なく、牛が健康であるために、外部機関に頼る必要がないのかもしれない。

外部機関との付き合い方の変化

外部機関との間でミスが生じた時、その後の付き合いを続けるかについて、やめるとはっきり断言したのは2軒のみであり、9割以上が「付き合いをやめない」という回答であった。このなかには「場合によってはやめる」と答えた農家もいたが、その多くは「実際にミスでこれまでの関係を断ち切ることは少ない」と話していた。したがって、対象農家の多くが、外部機関のミスにある程度寛容であることがうかがえた。外部機関と付き合う上での信条について大きな違いはなかったが、生産性の高い農家は「当たり障りない程度に付き合う」、一方、生産性の低い農家は「うまく利用する」と答える傾向がみえた。

外部機関と付き合い始めるきっかけについて、生産性の高い農家のほうが、営業マンや先方からのアプローチから付き合い始めるという方が多いようだ。この理由として、「営業マンでもいい情報を持っているかもしれない」「自分に有用な人かもしれない」「自分がなかなか外に出られないから営業マンから外の情報を得る」という声が聞かれた。また、情報を探す意欲が高い酪農家は生産性も高い。これらのことから、営業マンを「仕事の妨げ」として見るよりも、情報を提供してくれる人として積極的な態度で接するほうが、より良い出会いや情報入手の機会となる。さらに、「独自性がある」「自信がある」というような性格の農家は、バルク乳体細胞数が低い酪農家となりえる可能性が高いと報告されている。このことからも、体細胞数が低い農家のほうが外部の情報を自分で聞き分け、自分に有用な情報を見分ける力と決断力があるので、外部機関を上手に利用していることがわかる。

講習会を利用する

生産性の高い農家のほうが、講習会を重要な情報源として認識しているようであった。講習会に参加することにより基本的な事柄を再確認することができるので、自分の間違った思い込みなどを考え改められるいい機会であると生産者が考えているからかもしれない。アイルランドでは、会合への参加が積極的でない酪農家は生産性が低いとも報告されている。これらのことから、外部の情報を得ようと講習会へ出かける農家の方が、基本をよく理解し、それゆえ、新しい技術も応用することができるので、体細胞数を低く維持できると考えられる。

調査前は、生産性の高い農家のほうが他の農家との情報交換を積極的に行っていると推察していたが、今回の調査結果によると、この点については体細胞数の低い農家と高い農家の間で違いは見られなかった。体細胞数に関わらず、調査対象農家のうち約半数は他酪農家との情報交換に積極的であるものの、残りの半数は否定的であった。否定的な意見の理由としては、「人に教えることはあるが、自分で聞きに行くことはない」「昔（若い頃）はしたが、最近はどこの農家も技術は同じ位になってきているので、実施する必要はない」、また、「息子はいろいろな所で話を聞いている」であった。

余暇の楽しみ方

ある調査によると、農家が余暇に求める楽しみで重視するものは、「精神的な解放感を得る」や「仲間や新しい人と交流する」であると報告されていた。農家に限らず、さまざまな職種において、休暇の重要性や余暇の過ごし方が仕事の成果に影響を与えることはよく知られている。具体的な効果として、スウェーデンでは、バルク乳体細胞数が低い酪農家は趣味が多いという報告があった。しかしながら、この調査では体細胞数の低い農家と高い農家で趣味の有無に大きな差は見られなかった。調査対象となった地域の酪農家の体細胞数の平均値は北海道のそれよりずっと低く、経営に問題となるほど体細胞数が高い農家が存在しなかったからではないかと考えている。

農村のリーダーとなれる人間力

この事例では体細胞数を指標に、ある農協管内の酪農家を、生産性の高い農家と低い農家に区別し比較して、その特徴を表してみた。調査結果に基づき、ひとことで生産性の高い酪農家を表すと、役職の経験があり、外部機関の役割をよく理解し、かつ有効に活用し、講習会を重要な情報源として認識し、情報を探す意欲が高い方々である。つまり、農村のリーダーになれるような人間力を備えている人は生産性の高い農家にもなれるということである。中等農業教育では農業の技術を教えるだけではなく、「農村力」として村を発展させることができる農村のリーダーを育てることも重要な目的であるという理由がここで確認できた。

第3章　農業高校のこれからの役割

教育には、初等教育（小学校教育）、前期中等教育（中学校教育）、後期中等教育（高等学校）、短期大学教育（あるいは専門学校教育）、大学教育、それと大学院教育という6つの課程があると、最初にも述べた。農業分野での人材育成はどこで行われるかというと、後期中等教育（農業高校教育）以上の課程である。しかしながら、第Ⅱ部でお話したように、中等農業教育分野の専門家らは、もう少し幅の広い、柔軟な人材育成期間として扱っている。小学校などの初等教育と大学などの高等教育の中間に位置する公的・非公的な両面での農業分野における職業教育としての位置づけである。また、農村での指導者や技術者の育成も目的にしている。

日本に農業高校ができたばかりの時は、高校に実習用の農地がなく生徒の実家の農地を使い、教員が巡回し生徒の実験の指導を行っていた。これがホームプロジェクトの始まりである。また、食生活の向上による健康な農村となるため、高校で食品加工実習をし、生徒が家庭の栄養向上に関われる教育も実施していたという。このように、農業高校の生徒は未来の農民（future farmer）であり、全国レベルでのホームプロジェクト大会（競争課題）に参加させるなど、実践的な教育が地域の活性化に直接貢献したようだ。

未来の農民プロジェクト

戦後の学制改革により、農業高等学校ごとに学校農業クラブの組織づくりが進められ、都道府県単位での組織も成立するようになった。元祖は、アメリカ合衆国学校農業クラブ連盟（ＦＦＡ＝Future Farmers of America）である。１９０８年に米国マサチューセッツ州の農学校で、学校で学んだことを家庭の農業に実際に適用して学習するためにホームプロジェクトという手法が採用された。国内では、１９５０年春に東京都立園芸高等学校（当時：東京府立新制園芸高等学校）に最初のクラブができて、その後、全国組織へと発展した。同年11月2日には東京都の日比谷公会堂でＦＦＪ（＝Future Farmer of Japan）の結成大会が行われたという。そもそも、農業クラブとは、この農家子弟の学習活動のために作られたものである。同じ頃、海外にも農業クラブができた。たとえば、韓国には農業高校生をクラブ員とするＦＦＫ（Future Farmer of Korea）が、タイ王国にも農業大学生をクラブ員とするＦＦＴ（Future Farmer of Thailand）が存在する。

全道実績発表大会

現在のＦＦＡでもホームプロジェクト法を中心に、学習活動を行っている。これをまねて、戦後日本の農業教育においてもホームプロジェクト法が導入された。教職員が各家庭を回って、親とともに農家の子弟に農業の技術を指導していく、体験を重視する手法である。第Ｉ部に登場した三浦さんも述べているように、このホームプロジェクトは季節定時制高校がなくなると同時に姿を消し、グループで研究課題として取り組むプロジェクト学習に変わった。そして、年に一度、全国大会が開催され、さまざまなプロジェクト（研究）成果の発表などが行われ、各校の代表がその技術を競うものとなっている。農業高校生にとっては、野球児にとっての「甲子園」のようなものであると伺った。

プロジェクト学習とは

プロジェクト学習というのは、生徒が主体的に課題を見つけ出し、その解決方法を見出すために農場での栽培実験などを計画し、計画を実施し、すべての過程を記録し、実験結果などのデータを分析・評価するという、課題に基づく学習の方法である。海外の医学部でも、学生の主体性を育むという目的から、このような学習方法が90年代ころから取り入れられてきた。しかし、日本の農業高校ではずっと前から実践されていたのである。海外の獣医系大学でも最近やっと導入されるようになってきたが、この先進的な教育手法の、農業教育への導入の早さは賞賛に値すると思う。

まず、計画を立て研究課題を実施する前に、生徒は互いによく相手の話を聴くことから指導される。どんな小さな結果でも認め合い、多くのアイデアを出すために質問することで脳を刺激し、自分のアイデアや考えを相手に伝え、長所と短所を見つけ出し、未来を視覚化するために激励し、肯定的な助言を与えることでやる気を起こすということが、指導方法であり目的でもある。主体性を育てる効果的な教育方法であるので、前述のＪＩＣＡ研修においても農民主体の普及方法としてプロジェクト学習方法を紹介している。

この学習方法の長所とは、プロジェクトの課題は自らで選んだものなのでやる気が出やすい、創造力と思考力を鍛え、自主的に行う活動を励まし、知識と経験を総合的に取得させ、社会における人としての責任感を育てることができる点である。一方、欠点としては、これを本当に実行させるためにはガイダンスなどを十分に行うことが重要で時間がかかる、理論的な面での重要性が軽んじられる可能性がある、グループ活動なので傍観者になってしまう生徒もいる点であろう。

全国大会での発表

プロジェクト学習結果は、地域大会だけではなく全国大会でも競技として評価される。これらの競技会には、意見発表会とプロジェクト発表会の2種類がある。意見発表会は、農業や農業学習に関する自分の考え等を主張しあう競技で、形式はスピーチで、決められた時間内に自分の意見や主張、経験して得たこと等を発表する。競技の内容自体はシンプルなものだが、発表者には発表内容はもとより、高度なスピーチ能力から発表後にある質疑応答など、高レベルな能力が要求される。一方、プロジェクト発表会では、プロジェクト学習の成果を発表する。ここで述べられているプロジェクト学習は、学校ごとに『卒業研究』『卒論』『プロ研』など名称が異なるが、スクールプロジェクトに基づいている。内容は、いわゆるプレゼンテーションの形式で、ジャンルは生物学的な分野から社会学・農業政策的な分野までと、幅広いプロジェクト学習として選んだ課題の結果発表である。

私も、1回だけではあるが、地域の代表を決めるプロジェクト発表会に審査員として参加したことがある。発表の仕方であるが、チーム全員が何らかの役割を担い、従来のパワーポイントを使った学会での研究成果説明のような内容だけではなく、若々しく、はつらつとしていて、ミュージカルのような舞台感覚に溢れていた。限られた時間内に研究結果について的確、かつ、わかりやすく、グループで力を合わせ発表するという経験は、研究活動以上に生徒を人間として大きく育てることになる。未来の、地域のリーダー誕生の予感があった。

次に、帯広農業高校の教員である織井さんに、プロジェクト学習を生徒に指導する立場のご自身が、学習過程で多くの発見があり、自らが成長したお話などについて書いていただいた。織井先生が直接指導されたプロジェクト学習の事例として「低コスト高品質サイレージの調製、自家製添加剤の製造と普及」がある。良質サイレージを調製するための乳酸菌主体の添加剤がかなり高いので、自家製の添加剤を作れば安上がりという点に生徒が目をつけた。そこで、牧草に付着している乳酸菌を増殖し、添加剤として利用するというプロジェクトに取り組んだ。帯広市内の酪農家3戸と帯広市農業振興公社、帯広市川西農協と連携し、各農家で切り込まれた牧草に自家製添加剤を加え発酵品質を検証した。また、添加剤を製造する際に、砂糖の濃度や発酵温度などさまざまな条件を工夫し、最も菌数が増える条件をさがしあてた。生徒は、添加剤の製造、菌数測定、サイレージ調製、品質評価などの実験を根気強く繰り返し、市販の添加剤と遜色ない効果を示しながら、コストが30分の1ですむ自家製添加剤の製造に成功した。このプロジェクトは学年をまたいで4年間継続され、2、3年生合わせて毎年12名くらいが参加したという。作り方はマニュアル化され、現在も当時協力してくれた農家が利用しているとのことであった。

コラム⑥ プロジェクト学習で学んだこと（織井　恒さん、帯広農業高校教員）

私は、東京生まれの東京育ちで、農業に関係のない世界で育った。最初の農業体験は、小学校の理科の時間に、米や小麦を作ったりしたことである。また、社会科の時間に、穀物メジャーや生産から流通、加工販売まで行うアグリビジネスのことを勉強した。今まで、農業というと、重労働で、貧しくて、時代劇の年貢米に苦しむイメージしかなかった小学生の私にとっては、農業は、人間が生きていくのに絶対必要なものを作る仕事だし、それを自ら加工販売すればとても儲かることを知り、衝撃を受けた記憶がある。農業に興味を持った私は、農業について勉強するうちに、日本の食料自給率の低さや担い手問題、環境問題など農業を中心として多くの問題が発生しかかっている現状を知り、北海道の農業系の大学に進学し、専門的に農業を勉強することにした。

その当時は、農業高校や農業教育という発想はほとんどなく、できれば理科の教員になって生物を教えたいと考えていた。しかし、大学で酪農を主体に勉強し、酪農やルーメンの仕組み、資源循環の構造などがわかってくると、酪農に関する仕事につきたいと思うようになった。農業高校の教師というのは、農家出身で、農業高校を出て、農業経験が豊富な人だけがなれるものだと思っていた。しかし、大学の教授が、「君は農業高校に向いている。農業教育には、これから大きな可能性がある。」という話を熱心にしてくださり、「農業の経験や学習も、採用されてから頑張ってやればなんとかなる。作物や家畜、そして生徒が君にとっての先生であり、いろいろなことを教えてくれるから心配ない。」と説得され、採用試験の出願ぎりぎりに農業に変更して出願した。採用試験では運良く登録となり、翌春、空知地方の小さな農業高校で教員生活をスタートさせた。

農業の経験がまったく無かった私にとって、すべてのことが初体験であり、最初は、自分の考えとかモットーなどまったく持っていなかった。そのとき担当していた教科は、作物や食品製造といった大学でもまったく勉強していない科目だったので、知識がなく、何をどう教えていいのか、当時の内容を思い起こすと冷や汗が止まらない。そのとき言われたのが、まず、「専門力」ということであった。今でも覚えているのが、「大学で2

〜3年勉強したくらいで、専門と呼べるのか？」「教科書が作れるようになるくらい専門力をつけなくてはならない。」「24時間、農業や生徒のことを考えろ。」「遊んでいるひまがあったら勉強しろ」ということであった。専門性もなく、何の経験もない自分などは、箸にも棒にもかからないと思い、とにかく勉強し続けた。勉強といっても、本を読むだけではなく、自分でいろいろやってみて、課題を見つけ、試行錯誤したり専門家の助言を仰いだりということを繰り返した。生徒が取り組んでいるプロジェクト学習も、実は、取り組む生徒より指導する側の勉強になることが多いことに気がつき、生徒にとっても自分にとってもなによりの学習の機会となった。自分があいまいなことは、自信を持って指導できないということを何十回も経験しながら、正しい専門力こそが教員の第一歩だと考えるようになった。

次に現在の学校では酪農科学科の配属になり、酪農についてまた一から勉強することになった。現在の地域において、酪農は基幹産業のひとつであり、後継者も多く、学校の設置目的と地域や生徒の目的が一致し、専門の大学や研究機関が多数存在することから、勉強するにはたいへん恵まれた環境にあるといえるが、勉強を進めると自分の専門力不足を痛感し、さらなる勉強の必要性を感じずにはいられなかった。しかし運がいいことに、畜舎の全面改築や文部科学省の指定事業、地域の酪農家との共同研究など多くの勉強の機会をいただき、めったにできない貴重な経験も数多くさせていただいた。勉強の方向性も、知識や技術を得るというレベルから、いかに経営的に有利な方法を模索するか、農家で取り組んでいないことに挑戦するか、生徒の学習効果の評価をいかに行うかというレベルにシフトしていった。

　最近考えているのは、どのような学習環境や方法が生徒にとって、より確かな能力や学力の向上につながり、考える力をつけさせることができるのかという問題についてである。とくに酪農の場合、日々の作業のなかで中長期的課題を自ら見出し、どのように対策を講じるかという判断を常にしなければならない。本校の場合、自営予定者が半数以上いるし、最近は、酪農ヘルパーなどの関連産業への就職や新規就農希望の生徒もいることから、将来の経営者として何が必要かという視点にたって授業を展開するように心がけている。基本があってもマニュアルですべて対応できないのが酪農経営である。そう考えると、最終的には酪農に誇りを持ち、牛が好きで、酪農の仕事に理念を見出して自ら学習し、周囲と協調しながら前向きに取り組んでいける人間を育てていかなければならない。授業では、基本的な部分はしっかり覚えてもらうが、その他の部分は、結論よりも理由付けやさまざまな可能性を思考する訓練を多く取り入れている。私がとくに力を入れているのが、プロジェクト学習である。課題を設定し、実験や調査によって課題の解決をめざし、最後はまとめて記録簿を作成し発表させる。農業クラブでの発表や優劣もつくので、つい結果ばかりが気になるところであるが、最近やっと結果よりも結果を出すまでのプロセスを重要視できるようになった。発想の根拠や理由付けをしっかり行い、感覚だけで判断するのではなく、科学的な視点や可能性によって判断していける能力の向上が求められている。気候や土地条件、経営規模など生産現場の背景が異なる生徒が就農した時、また、日進月歩の技術に対応し、経営を改善していかなければならない時に、科学的な判断能力が最も頼りになる能力である。高校生のうちからこれらの能力を開発し、将来、国際競争にさらされながらも食料安全保障を維持していける人材を育成することが農業高校の使命だと考えている。

教員自身も、農業が大好きであり、いつでも大好きでいられるようにモチベーションを高く維持する努力をしていかなければならない。そのひとつの方法が、専門分野のさまざまな先生方の話を伺ったり、一緒に仕事をさせていただいたりすることである。地域の酪農家や専門機関の方々が、何をどのように考え、何をしようとしているのかということを知ることは、今後の教育内容をどのように改善していくかという課題への大きなヒントになる。

農業高校には実際に家畜がいて作物が栽培されており、実物を使った観察や体験ができる。また、実験施設や設備も充実しており、教科書やプリントをみるだけでなく、五感をフルに使って学ぶことができる。生命の探求は、自然科学の原点である。農業高校の教育は、単なる偏差値や難関校に入学できればいいという単純な価値観の対極として位置づけられる。自然科学と真に向き合うなかから、命の大切さや本当の豊かさ、文化的な生活の追求、実学による真の学力、新たな価値観の創造などに貢献できる教育として、世間に広く認知してほしいと願っている。そして、農家の自立・独立の精神をしっかり育て、国家の基礎を担っているという誇りと自己改革を持続的に推進しながら、地域や国家の発展に貢献できるリーダーをさらに輩出したいと思う。

このように、日本の農業高校は、地域の指導者や生産者を育て、十分な食料を安定して供給するために誕生した。しかし、今、日本の農業人口は激減している。そこで、以前は農業高校であったが、今は、農業系の学科を持つ総合学科の高校となった清水高校の教員の森谷さんにお話をうかがった。農業の後継者がいない高校で彼女はどんなことを生徒に伝えていたのだろうか。森谷さんは私の研究室の卒業生であるが、平成26年3月、家庭の事情で高校教員をやめることになった。

コラム⑦ 夢をあきらめない（森谷沙友里さん、元清水高校教員）

「農業を教えることは職業を教えるということ」。私が教員として働き始めたころ、大先輩に言われた言葉である。「え？」残念ながら私は、その言葉をすぐに理解できなかった。私は、帯広畜産大学を卒業後、北海道で農業高校（農高）の教員となり、平成24年度で3年目を迎える、まだ若造の教員である。生まれ故郷は愛知県安城市である。中学3年であった私は、昔からの動物好きで、盲導犬の訓練士になりたいと思っていた。中学生なりに考えた結果、進学校で赤点に追われながら過ごすより、農高にある動物科学科で犬のことを学ぶほうが夢に近づける気がしたのだ。土壇場での進路変更であったが、とくに両親ともめることもなく、無事、農高へ入学した。

皆さんは、農高がどんなところか知っているだろうか。もちろんその字の通り、「農業」を学べる、「農業」から学べる高校であることは一目瞭然である。であるのだが、幸か不幸か、当時の私はそれに気づいていなかった。かくして、農高ライフが始まるのであった。

「脱帽、気を付け、礼！」愛知の夏は暑い。今日も、長袖長ズボンに長靴を履いて実習が始まった。何を隠そう、農業高校に犬はいない。いるのは家畜であるウシ、ウマ、ブタ、トリたち、そして実験動物たちだ。暑さと埃と臭いと闘いながら、ウシたちが食べるエサを作ったり掃除をしたり。流れ落ちる汗を拭きながら「計画と違う」と私は思った。

ところがその3年後、私は帯広畜産大学で学ぶため、農業王国である北海道の十勝にいた。そう、高校で出会ったウシについてもっと深く学ぶためである。農高に通った3年間で、私の考え方や性格は少し変わった。前はというと、すぐに自分のダメなところを見つけてはへこみ、人と比べてできないことに落ち込み、本当に自分のことが大嫌いな人間であった。もっとも、無駄なプライドにより、それをできるだけ隠していたとは思うが。

さて、盲導犬の訓練士をめざしていたはずの私だったが、農高生活でいったい何が起こったのだろうか。3年間担任してくれた農高の教員の影響が大きかった。担任はウシの教員だったが、私の目標を引き出して、その成功を認めるのがとてもうまかった。彼が単身でアメリカへ行き、ドイツ人の友人を作ったという学生時代の話は、きっと私に強い影響を与えている。当時の私は、口を開けば「無理」「めんどくさい」と反発し、自分のライフプランを書けと紙を渡されれば「なりゆき」と4文字だけ書いて提出するような、とても面倒な生徒であった。担任が私の可能性を諦めずに指導してくれたことは、本当に感謝すべきことだ。入学して間もない進路希望調査、もちろん就職に丸を付け、盲導犬訓練士と書いて提出した。幸か不幸か、進路を変更して農高にきた私は、テストの点数はとても良かった。担任は大学進学を勧めた。まったく気にしていなかった私だが、ある日母に聞いてみた。私が大学行きたいって言ったらどう？　母はその質問に喜んだようであった。母の話や担任の話から大学の魅力を感じた。大学を出てからでも訓練士にはなれるという言葉も背中を押し、動物について学べる大学があるのか検索してみることにした。その時目にとまったのが、北海道の十勝にある帯広畜産大学であった。他にもいくつかあったが、北海道にあるのが私には大きな魅力であった。さて、さっそく担任に報告をした。「いい大学をみつけた。帯広畜産大学に行きたい。」そのとき担任に言われた言葉は今でも忘れない。「おまえには無理」である。それまで、あれだけ「無理とか言うな！　やってみないとわからない」と言っておいて、それはないだろうと私は思った。先生の言葉は、マイナス思考ながらプライドの高い私に火をつけた。無理と言われればより行きたい気持ちが強くなった。どうすればそこで学べるのかとしつこく聞き、相当がんばることを約束したように思う。学校の定期テスト、成績、その他さまざまな資格取得、農業高校で行われる鑑定競技、プロジェクト活動に全力を注いだ私は、短期記憶能力と少しの自信を手に入れた。最終的に帯広畜産大学の入学資格も手に入れたのである。がんばって良かったと心から思えた。

現在、私が勤めているのは、農業系列を持つ総合学科の高校である。個人的な事情で教員3年目にして2校目の職場であり、1校目で担当していた畜産からはずれ、今は食品製造など食品の材料を育てるところから加工・流通までを担当している。

前述のように、「農業を教えるというのは職業を教えるということ」である。できる、できないは別にして、その通りだと今は思っている。「1＋1は2」と、数学のテストでこう答えれば丸がもらえるだろう。しかし、社会では答えがあることはほとんどないと私は感じている。色んな面から、慎重に素早く物事を判断する必要に迫られる。農業も同じである。植物や動物、食品を扱う時に、前回と同じ条件のことはまずない。気温、湿度、天候はもちろんのことさまざまな条件が影響し合っている。答えはない。知識のある人に聞く、自分で考え、調べ、試し、失敗をしながらも身につけていかなければならないことがある。もちろん新米である私も日々その繰り返しであり、時には挫けそうになることもある。しかし教員というのは不思議なもので、何歳何年目など関係なく教員として扱われる。もちろん仕事量は違うであろうが、生徒からしたらすべて先生である。この重圧はものすごい。高校生は実によく教員を見ている。たとえば、この人はどんな人か、信じられる人か、頼れる人か、自分に役立つことを教えてくれるのか、などである。それは、1年目の教員でも30年目の教員に対しても同じである。

現在、受け持っている生徒たちに農家の後継ぎはいない。会社などで雇われ、働くことのできる人材の育成をめざしている。就職していく生徒たちに伝えたいのは、自分を諦めないことである。現代は決して恵まれた就職状況ではないと思う。よく知る友人たちも仕事が見つからなかったり、さまざまな事情で辞めてしまったりと希望が見えずに疲れている感じである。しかし、諦めてはいけないと私は思う。だから、時には休むことも必要であるし、寄り道をするのも人生に幅を持たせてくれる。ただ、諦めてしまったらそこで終わる。やりたいことがあるなら諦めないこと、やりたいことがなければそれを探すことを諦めないこと。世の中そんな簡単なものじゃないと言われるかもしれないが、きっとこれは大切なことだ。人生のなかで、自分の力ではどうにもできないことも起こるだろう、納得いかないことも大いにある。だが、諦めないでほしい。

私は小さいころから教員をめざしていた訳ではない。ある時は盲導犬の訓練士、またある時は酪農ヘルパーをめざしていた。いざ就職活動を始めて真剣に自分の進路を考えた時、ふと自分の奥底に隠しこんでいた気持ちに気づいた。農業教員になりたい。私が高校生の時に自分に自信を持つこと、諦めないことを教えてくれた恩師のように、私も次の高校生たちに伝えていけたらと思った。

余談かもしれないが、これからの社会は視野が世界へ向いていくと思われる。可能性が広がる一方、競争相手が世界中に広がるということである。途上国には、日本より賃金が安くても働いてくれる、日本より優秀な人材がたくさんいるだろう。一方、日本の会社がどんどん海外へ出て行ってしまったら日本国内での働き口は減る。なんとか生活していた人のなかには、生活できない人も出てきてしまうかもしれず、貧困と闘うことになるかもしれない。

「どうしたらできるだろう?」この考えのもと、諦めない心を身につけてほしい。それは決して簡単なことではない。しかしきっと、必要なのである。小さなことでも継続して追求してゆくと、それはきっと力になる。自分を認められる人になる。農業を通じて、またはそれ以外のことからも、私は「どうしたらできるだろう?」と問いかけ続ける。それが何かのエネルギーになると信じて。

まとめにかえて

農民の教育レベルと農村振興とは密接に関係しているという点について焦点を合わせ、第Ⅲ部では、北海道十勝の士幌町を例に、農家の教育水準を上げることで新しい技術の適応度も高まり、後継者の育成につながったという事例をお伝えした。また、農業高校では農業の技術を教えるだけではなく、プロジェクト学習などを通して農村のリーダーも育てていることを、現役の先生方からもお話していただいた。このように、農業高校の先生はかなり意識が高く、はっきりとした目的を持って農業教育に関わっているということが再確認できた。

農業高校は、農業後継者育成だけではなく、農村地域における職業人として地域を振興させる担い手の教育もやっているという事実を、もっと多くの人に伝えて理解していただくことが重要であろう。これは、Ⅰ部に登場していただいた水戸部さんが述べていたように、「農」の持つ教育力の再確認につながり、農業高校という教育システムが人間性豊かな人材の育成に貢献できる可能性は非常に大きい。たとえば、最近話題になっている「銀の匙」という漫画は、原作者自身が数年過ごした帯広農業高校での生活体験をモデルに描かれている。農業とはまったく関係ない地域で過ごした都会っ子の主人公が、農業教育を通して友情を育み、人生を学んでいくく過程がよく描かれている。アニメのテレビ放映が始まり、映画も公開された。

本書では、「主体性を育む」と題し、国際協力における農業教育の意義と農村力について考察してきた。本文中で何度も述べたが、私は、太田助さんの士幌農協での普及活動における信念に強く動かされ本書を書きたいと願った。そして、ビジョンを持つリーダーのもと北海道十勝での地域振興を成功させた基盤には、高校での農業教育や青少年活動により若者が主体性を持ち、立派な農業人となったという事例を紹介した。そして、これらの十勝での経験をＪＩＣＡ研修などにより開発途上国へ伝えていくことが私の使命でもあると感じている。十勝の経験が何らかの形で現地へ伝えられれば、途上国の若者への教育や農民への普及方法が改善され、主体性を持って国づくりができるという人々が増えてくることは間違いない。農村力とは何なのか、どのように育成すればよいのか、真剣に考えていただき、真似て、それぞれの国に適した村づくりに活かして欲しい。

また、日本から海外へという一方向の国際協力だけではなく、私自身の海外での経験も日本の農業活動の改善に応用できた、という反対の流れによる国際協力についても話をした。この場合は、農業教育というより、ワークショップや参加型手法のような国際地域開発方法の逆輸入であった。しかし、農業教育と地域開発手法、これらの2つに共通するものは、どちらも人間性を育み、主体的に考え活動できる人々の育成である。本来の民主主義を確立するための基本的な考え方である。互いに相手を尊重しあい、自由な発想ができる場でしか、人材の育成と地域の開発はありえないのである。

あとがき

本書の筆者である門平さんと出会ったのは、彼女がザンビアから帰国し、名古屋大学で農学教育に関する国際協力の研究と実践をはじめられたころである。アフリカでの活動や研究のなかで学ばれていた参加型開発の考え方を、日本の畜産業のなかに活かせないか、家畜衛生の考え方（実践方法）を農家の方と一緒に考えていけないか、について悩みながら研究をされていたころだと思う。この時期は、同時に、１９８０年代から１９９０年代にかけて日本のＯＤＡが伸びるのに呼応して、欧米で開発研究の大学院に留学した多くの日本人が国際協力の現場に出るようになり、日本の国際協力のやり方と欧米のやり方の違いに戸惑っていた頃でもあった。私自身も、参加型開発という言葉が、さも新しい概念であるかのように紹介され、援助関係のプロジェクト企画書には「住民参加」「農民参加」という言葉がちりばめられていることに疑問を持っていた。なぜならば、多くの開発援助プロジェクトの実態は、研究者や援助関係者が、自分たちがこうするべきだという開発のありかたに住民や農家の人を参加（あるいは動員）させようとしており、地域に住む農民や住民たちが自分たちで行おうとしている開発行為にともに連なることの大切さに気付いていない傾向が見られたからである。

たしかに、この時期は、欧米、とくにドイツやオランダを含めた北欧の援助機関は、それが政府系であれＮＧＯであれ、住民参加の重要性を説き、途上国政府の機能不全と相まって、政府を回避した住民や農民への直接の支援が多く行われていた時期でもあった。そのなかで、日本の第二次世界大戦直後から１９７０年代にかけての普及制度、とくに生活改善の制度に関しては、とくに女性の積極的な参加のなかで地域の生活を改善していく方法として援助関係者の注目を浴びていた時代でもあった。

援助が単なる狭義の技術移転ではなく、関係する個人や組織の交流を通じた協働作業であることを考えると、欧米のやり方ではなく、日本の経験に基づく援助を確立していこうという考え方そのものは、とても大切なことであると思う。しかしながら、日本の経験を活かそうとする立場の人たちもその多くは、日本の経験が途上国に役立つというものであった。

そのなかで、門平さんは、どうすれば農村が持続的に、内発的に発展していくかについて、自分自身がアフリカで、アフリカの人たちと一緒に活動し、行動したことの経験に基づいて研究・教育を行い、かつ実践しようとしていた数少ない日本人の一人であったと思う。

彼女は、名古屋にいる間に、ワークショップ形式を多用する研究者・技術者・農家の双方向コミュニケーションを図る研究会を主に千葉県の獣医さんたちと一緒に立ち上げ、自分のアフリカ経験がどこまで日本で使えるかを試行錯誤していった。私自身も、いくつかのワークショップに参加させていただき、農家の方たちはもちろん、農家を支援する獣医の方たちの態度が変化していくのを目の当たりにさせていただいた。詳しい内容は本文を読んでいただきたい。その後、日本の畜産業の中心である、十勝地方への転任に伴って、それはより大きな視野へと広がっていったのではなかろうか。

この本で取り上げられている、十勝の農民学校や、日本の農協の在り方、農業高校のシステムなどは、第二次世界大戦よりも以前から存在する農民自身の潜在能力を表に引き出す制度であったと考えられる。

本書では、このような日本の農村の教育力と、アフリカの経験、欧米の開発学が融合した新しい農業教育の視点を提供している。ともすれば、輸出振興、付加価値の付与による競争力の強化、伸びることのできる農家だけを対象とする援助や民間投資が主流化するなかで、あくまでも、地道に一人一人の若い農家や農業後継者の能力向上、集落全体を視野にこだわり続けることは、援助のトレンドを追いかける多くの援助関係者にとっては時代遅れに見えるかもしれない。しかしながら、地域の持続性、自律性はあくまでも地域に住む人々の能力にかかっていることを考えると、最も課題を抱えている農家を支える農協の歴史や、時代の変化に応えていく農業分野の中等教育の重要性が問い直される。

門平さんが、多くの人と出会い、一緒に活動をして、悩み議論しながら到達した成果を、十勝の農業に関わる方の証言とともに一冊の本にまとめられた意義は大きい。畜産を中心として、農業・農村の未来のありかたについて考えようとする方や、人間同士の交流を通じた農業の国際協力に携わりたい方、さらには、最も重要なことであるが、日本の農業・農村の未来を支えていきたいと考えている方たちにぜひ読んでほしい一冊である。

シリーズ監修者　西川芳昭

《著者紹介》

門平睦代（かどひら・むつよ）

1955年生まれ。
岩手大学農学部獣医学科卒業。
1986年　カリフォルニア大学デイヴィス校修士（獣医疫学）修了。
1994年　カナダ・ゲルフ大学オンタリオ獣医学部博士課程（獣医疫学）修了。
埼玉県庁，青年海外協力隊（ザンビア），国連食糧農業機関（FAO）ケニア勤務，JICA専門家（ザンビア），名古屋大学を経て，
現在　帯広畜産大学畜産フィールド科学センター教授。

主要論文（第一著者）**・著書**

『動物医療現場のコミュニケーション』（監修，共著），緑書房，2014年。
A quantitative risk assessment for bovine spongiform encephalopathy in Japan.（共著）Risk Analysis, 32 (12): 2198-2208，2012年。
Assessing infections at multiple levels of aggregation.（共著）Preventive Veterinary Medicine, 29: 161-177，1996年。

（検印省略）

2014年９月20日　初版発行　　略称－農業教育

農業教育が世界を変える
―未来の農業を担う十勝の農村力―

著　者　門平睦代
発行者　塚田尚寛

発行所　東京都文京区春日2－13－1　株式会社　創成社
電　話 03（3868）3867　F A X 03（5802）6802
出版部 03（3868）3857　F A X 03（5802）6801
http://www.books-sosei.com　振　替 00150-9-191261

定価はカバーに表示してあります。

ISBN978-4-7944-5053-1 C0236
Printed in Japan
組版：でーた工房　印刷：平河工業社
製本：宮製本所
落丁・乱丁本はお取り替えいたします。

創成社新書・国際協力シリーズ刊行にあたって

グローバリゼーションが急速に進む中で、日本をはじめとする多くの先進国において、市民が国内情勢の変化に伴って内向きの思考・行動に傾く状況が起こっている。地球規模の環境問題や貧困とテロの問題などグローバルな課題を一つ一つ解決しなければ私たち人類の未来がないことはわかっていながら、一人ひとりの私たちにとってなにをすればいいか考えることは容易ではない。情報化社会とは言われているが、わが国では、世界で、とくに開発途上国で実際に何が起こっているのか、どのような取り組みがなされているのかについて知る機会も情報も少ないままである。

私たち「国際協力シリーズ」の筆者たちはこのような背景を共有の理解とし、このシリーズを企画した。すでに多くの類書がある中で、私たちのシリーズは、著者たちが国際協力の実務と研究の両方を経験しており、現場の生の様子をお伝えするとともに、それらの事象を客観的に説明することにも心がけていることに特色がある。シリーズに収められた一冊一冊は国際協力の多様な側面を、その地域別特色、協力の手法、課題などからひとつをとりあげて話題を提供している。また、国際協力を、決して、私たちから遠い国に住む人々のためだけの利他的活動だとは理解せずに、国際協力が著者自身を含めた日本の市民にとって大きな意味を持つことを、個人史の紹介を含めて執筆者たちと読者との共有を目指している。

本書を手にとって下さったかたがたが、本シリーズとの出会いをきっかけに、国内外における国際協力や地域における生活の質の向上につながる活動に参加したり、さらに専門的な学びに導かれたりすれば筆者たちにとって望外の喜びである。

国際協力シリーズ執筆者を代表して
西川芳昭